I0058229

Diseño y control de robots industriales: teoría y práctica

Vivas Albán, Oscar Andrés
Diseño y control de robots industriales: teoría y práctica / Oscar Andrés Vivas Albán; edición literaria a cargo de Luis Pedro Videla. - 1ª ed.
Buenos Aires: Deauno.com, 2010.
216 p.; 21x15 cm.

ISBN 978-987-1581-76-4

1. Robótica. 2. Diseño Industrial. I. Videla, Luis Pedro, ed. lit. II. Título
CDD 629.892

Queda rigurosamente prohibida, sin la autorización escrita de los titulares del copyright, bajo las sanciones establecidas por las leyes, la reproducción total o parcial de esta obra por cualquier medio o procedimiento, comprendidos la fotocopia y el tratamiento informático.

© 2010, Oscar Andrés Vivas Albán
© 2010, Elaleph.com (de Elaleph.com S.R.L.)
© 2010, Luis Videla, Edición Literaria

contacto@elaleph.com
http://www.elaleph.com

Para comunicarse con el autor: avivas@atenea.unicauca.edu.co

Primera edición

ISBN 978-987-1581-76-4

Hecho el depósito que marca la Ley 11.723

Oscar Andrés Vivas Albán

Diseño y control de robots industriales: teoría y práctica

elaleph.com

Contenido

PREFACIO

LA ROBÓTICA INDUSTRIAL es un campo que hace mucho tiempo dejó de pertenecer a la ciencia ficción para convertirse en una realidad cotidiana, impulsada por los procesos de globalización y competencia internacional que obligan a la fabricación de cada vez mejores productos a mejores precios.

A 2009 existían casi millón y medio de robots industriales instalados en todo el mundo y todo hace preveer que esta cifra aumentará cada año. Es igualmente notable la presencia de asignaturas de robótica en universidades e institutos tecnológicos, buscando preparar los profesionales que manejarán esta tecnología en el futuro. Y aunque existen numerosas aplicaciones de la robótica en múltiples campos del actuar humano (robótica móvil, espacial, quirúrgica, humanoide, etc.), es la robótica industrial el origen y la base de esta novedosa tecnología.

Este libro pretende ofrecer a los estudiantes universitarios de pregrado y postgrado, así como a los profesionales en el área, una guía básica sobre el modelado y el control de robots industriales. Se incluyen gran cantidad de ejemplos así como ejercicios propuestos y resueltos, con el fin de que inclusive estos conceptos puedan ser aprendidos a través de un proceso de auto-aprendizaje. Sin embargo, siendo la robótica un área de trabajo tan extensa, se pretende ofrecer una guía general que pueda servir a todos, y no abarcar tópicos más especializados o de complejidad superior. Entiéndase con esto que este libro permitirá al lector diseñar, simular y controlar un robot industrial tipo serie, y que con conocimientos adicionales en electrónica podría también construir uno por su propia cuenta.

Existen variadas formas de modelar matemáticamente un robot. Este documento utiliza la notación geométrica propuesta por Khalil y Kleinfinger (1986) para la definición de un robot, así como los conceptos de parámetros de base y control de robots presentes en el libro de Khalil y Dombre (2002). Se recomienda así mismo el libro editado por Siciliano y Khatib (2008) donde se encuentran más de setenta contribuciones de diversos autores sobre gran cantidad de aspectos relacionados con la robótica.

Las simulaciones han sido realizadas utilizando el software Matlab/Simulink®, aunque una vez definidos los modelos matemáticos del mecanismo a estudiar, varios paquetes comerciales pueden ser utilzados con el fin de simular su comportamiento.

Finalmente se espera que este libro aporte al lector los conocimientos fundamentales sobre esta tecnología, y lo motive para profundizar en ella y en sus múltiples aplicaciones, vislumbrando nuevas formas de progreso hacia el futuro.

SUECIA, VERANO DE 2010

1. Introducción

1.1 Historia de la robótica

La palabra robot fue acuñada por el checo Karel Čapek, quien en 1921 presentó una obra de teatro donde aparecían humanos artificiales. Dado que en el idioma checo y en muchos idiomas eslavos la palabra "*robota*" significa "trabajo" o "servidumbre", mostraba con el término a un ser artificial creado para servir a los seres humanos.

Desde sus inicios los robots han fascinado y generado temor en el ser humano, gozando hoy en día de gran popularidad en el imaginario colectivo. Autores de ciencia ficción como Isaac Asimov (1920 - 1992) o exitosas películas de cine como *La Guerra de las Galaxias* (1977 - 2005), *Yo robot* (2004), o *Wall-E* (2008) han sabido guiar este marcado interés. Sin embargo, a nivel científico y comercial, la historia de la robótica muestra una industria muy dinámica y variada, con aplicaciones que van desde el ensamblaje industrial, pasando por la exploración espacial o la robótica quirúrgica, hasta llegar a los robots humanoides de Honda o Sony, últimos desarrollos que podrían corresponder más al término original creado por Čapek.

De manera general cualquier mecanismo que opere con cierta autonomía y controlado por computador podría ser llamado un robot. Sin embargo la expresión clásica del término describe un manipulador mecánico con ciertas similitudes a un brazo humano y controlado por un computador.

La Organización Internacional para la Estandarización (*International Organization for Standarization*) define en la ISO 8373 a un robot como:

"Un sistema automáticamente controlado, reprogramable, multipropósito, manipulador programable en tres o más ejes, que puede estar fijo en un sitio o hacer parte de una plataforma móvil, y que tiene su uso principal en aplicaciones automáticas industriales."

Sin embargo la definición de la ISO se ha quedado corta con la aparición en las últimas décadas de gran cantidad de aplicaciones robóticas en campos diferentes a la industria. Por eso la Federación Internacional de Robótica (*International Federation of Robotics*) ha introducido el término de robot de servicios como "un robot que puede operar semi o completamente autónomo para llevar a cabo tareas útiles al bienestar de los humanos y al buen funcionamiento de ciertos equipos, excluyendo las operaciones de manufactura".

La pieza clave en la definición de la ISO es el hecho de que un robot pueda ser reprogramado para ejecutar diversas tareas, gracias a la programación que su cerebro electrónico (computador) pueda generar. Desde este punto de vista la robótica no es más que un paso evolutivo de los computadores.

Algunos autores (Spong *et. al*, 2006) afirman que la robótica ha sido el fruto de la mezcla de dos tecnologías: la teleoperación por una parte, utilizada durante la segunda guerra mundial para la manipulación de substancias radioactivas; y las máquinas de control numérico (CNC), desarrolladas para el ensamblaje de precisión exigido por ciertas industrias.

A continuación se muestran algunos de los hitos más importantes en la historia de la robótica:

1947: Primer teleoperador eléctrico, inventado por George Devol.

1954: Devol diseña el primer robot programable.

1956: Joseph Engelberger compra los derechos del robot de Devol y funda la compañía Unimation en Estados Unidos.

1961: El primer robot Unimation es instalado en una fábrica de la General Motors.

1963: Es desarrollado el primer sistema de visión robotizada.

1971: El robot Stanford es desarrollado en la Universidad de Stanford (Estados Unidos).

1976: Brazos robot son utilizados en las misiones espaciales Viking I y II a Marte.

1978: Unimation desarrolla el robot PUMA (Programmable Universal Machine for Assembly), basado en los estudios realizados en la compañía General Motors.

1979: El robot SCARA (Selective Compliant Articulated Robot for Assembly) es desarrollado en Japón.

1986: El robot submarino Jason del Instituto Oceanográfico Woods Hole explora los restos descubiertos del transatlántico Titanic.

1988: Es fundada la Sociedad de Robótica y Automática de la IEEE.

1996: Honda desarrolla su proyecto de robot humanoide.

1997: Se lleva a cabo el primer campeonato de fútbol con robots en Japón, donde participan 40 equipos de todo el mundo.

2001: Sony comercializa exitosamente el primer robot para uso doméstico, el perro Aibo.

2001: Se lleva a cabo la primera operación laparoscópica a distancia (telecirugía), donde los cirujanos se encontraban en Estados Unidos y la paciente en Francia.

2004: Misión espacial a Marte de los robots Opportunity y Spirit.

2005: Robot humanoide ASIMO de Honda.

2009: Prótesis robotizada de brazo de la agencia DARPA de los Estados Unidos.

1.2 Célula robotizada

Se define una célula robotizada como un sistema que involucra uno o varios robots, lo cuales realizan diversas tareas de tipo industrial. Diversos componentes hacen parte de una célula robotizada:

- Mecanismo, que permite interactuar sobre el ambiente. Está movido por motores que pueden ser actuadores eléctricos, neumáticos o hidráulicos.
- Percepción, realizada a través de sensores internos (posición y velocidad articular) o externos (detección de presencia, distancia, visión artificial).
- Control, el cual genera las órdenes hacia los actuadores.
- Interfaz humano-máquina, a través de la cual el usuario programa las tareas que el robot debe realizar.
- Puesto de trabajo, que constituye el ambiente general sobre el cual interactúa el robot.

La robótica es pues una disciplina multidisciplinaria que involucra los campos de la mecánica, electrónica, automática, tratamiento de señal, comunicaciones, informática, gestión industrial, etc. De manera muy general se podría decir que los ingenieros mecánicos, eléctricos y electrónicos se encargan del diseño y construcción del mecanismo; los ingenieros especialistas en instrumentación se encargan de la percepción; los ingenieros en control o automática se encargan del control del robot; los ingenieros en sistemas o informática se encargan de construir la interfaz humano-máquina y de la programación del robot; por último los ingenieros industriales se encargan de la producción de un robot en un puesto de trabajo. No obstante los ingenieros que salen al mundo laboral deben adaptarse cada vez más a este tipo de entornos multidisciplinarios sin importar muchas veces su formación inicial.

Desde el punto de vista mecánico los robots están constituidos por:

a) Órgano terminal, el cual reagrupa todo dispositivo destinado a manipular objetos o a transformarlos.
b) Estructura mecánica articulada, cuya tarea es llevar el órgano terminal a una situación (posición y orientación) determinada. Su arquitectura consta de una cadena de cuerpos generalmente rígidos unidos por articulaciones.

Las cadenas cinemáticas pueden ser abiertas, arborescentes, cerradas o en paralelo, como se muestra en la Figura 1.1 (Khalil and Dombre, 2002).

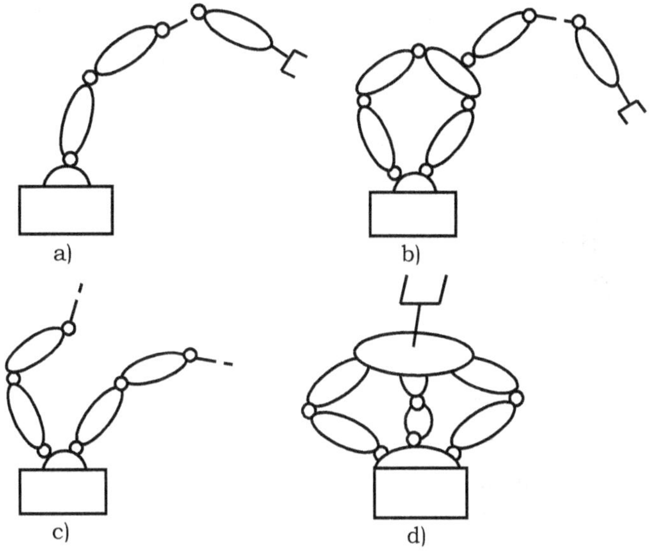

Figura 1.1 Tipos de estructuras robóticas: a) robot serie; b) robot cerrado; c) robot arborescente; d) robot paralelo.

Las cadenas abiertas, que son las más comunes, simulan un brazo humano y constan de varias articulaciones que permiten al órgano terminal realizar determinada tarea en el espacio. Las cadenas cerradas pueden involucrar articulaciones pasivas, es decir carentes de motor, las cuales se mueven gracias al impulso que les proporcionan las articulaciones activas presentes en el anillo cinemático cerrado. Las cadenas arborescentes constan de varias cadenas abiertas unidas a una misma base. Dado que es más fácil implementar varias cadenas abiertas trabajando de forma colaborativa, las cadenas arborescentes no son utilizadas en la industria. Por último los robots paralelos constan de una base y una plataforma, unidas entre sí por varias cadenas cinemáticas, lo cual proporciona al robot mucha mayor precisión y le permite alcanzar velocidades y aceleraciones considerables. Este tipo de robots son estudiados de manera más detallada en Merlet (2006) y Zhang (2009).

Industrialmente hablando la gran mayoría de robots está constituida por cadenas cinemáticas abiertas, dejando una pequeña proporción a los robots paralelos, utilizados en aplicaciones industriales especiales donde la velocidad o la carga son aspectos de vital importancia. De otra parte las cadenas cerradas encuentran su aplicación en la robótica quirúrgica laparoscópica, donde el robot debe moverse manteniendo siempre un punto fijo en alguno de sus eslabones, el cual corresponde a la abertura abdominal por donde se realiza la intervención laparoscópica. Finalmente las cadenas arborescentes pueden utilizarse en aplicaciones tales como el diseño de robots bípedos, donde cada cadena representa una pierna del robot.

1.3 Conceptos generales

A continuación se muestran las principales definiciones en el campo de la robótica.

Articulación: Mecanismo que une dos cuerpos sucesivos, accionado por un motor. Las articulaciones son principalmente rotoides (de giro) o prismáticas (de desplazamiento), aunque existen combinaciones de las dos o articulaciones pasivas (sin motor) que reproducen cualquiera de los dos movimientos.

Articulación rotoide: El movimiento de rotación se realiza alrededor de un eje común entre dos cuerpos. La situación relativa entre los dos cuerpos está dada por el ángulo alrededor de este eje (Figura 1.2).

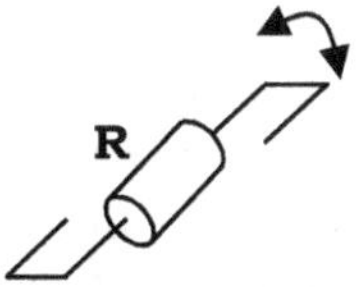

Figura 1.2. Articulación rotoide.

Articulación prismática: El movimiento de traslación se realiza a lo largo del eje común entre dos cuerpos. La situación relativa entre los dos cuerpos está dada por la distancia a lo largo de este eje (Figura 1.3).

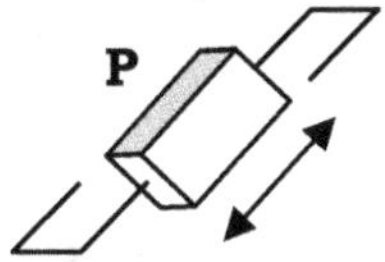

Figura 1.3. Articulación prismática.

Grado de libertad: Define cada movimiento independiente del robot (Figura 1.4). Para situar un objeto en un espacio tridimensional son necesarios tres grados de libertad, uno por cada dimensión. Pero un robot debe disponer de 6 grados de libertad para posicionar y orientar un sólido en el espacio: para ubicarlo en el espacio necesita 3 grados de libertad, para imprimirle cualquier rotación necesita 3 grados de libertad adicionales. Esto significa que un robot con menos de 6 grados de libertad no puede alcanzar cualquier punto del espacio de trabajo con una orientación arbitraria.

Figura 1.4. Mecanismos de uno y dos grados de libertad.

Comúnmente los robots industriales poseen cuatro, cinco o seis grados de libertad. Los robots con más de 6 grados de libertad son llamados robots redundantes y son utilizados en aplicaciones especiales donde es necesario sobrepasar obstáculos cercanos al órgano terminal (por ejemplo en la robótica quirúrgica).

Espacio articular: Es el espacio en el cual se representa la situación de todos los cuerpos del robot; corresponde al lenguaje que maneja el mecanismo en sí mismo (movimientos rotacionales o prismáticos). Su dimensión N corresponde al número de grados de libertad de la estructura. En una estructura abierta o arborescente las variables articulares son independientes, mientras que en una estructura cerrada es necesario establecer relaciones entre las diferentes variables.

Espacio operacional: Es aquel donde se representa la situación del órgano terminal. Para definir esta situación se utilizan las coordenadas cartesianas en tres dimensiones. Es llamado también espacio cartesiano y es importante desde el punto de vista de la tarea industrial a realizar por el robot.

Dicho de otra manera el robot es diseñado en el espacio articular pero los movimientos que se le piden, los cuales corresponden a determinadas tareas industriales, son definidos en el espacio operacional. Se deben utilizar entonces herramientas matemáticas para transformar un espacio en otro, y en tiempo real, con el fin de que efectivamente el robot realice la tarea que le ha sido programada.

Configuraciones singulares: En ciertas configuraciones puede suceder que el número de grados de libertad del órgano terminal sea inferior a la dimensión del espacio operacional, perdiéndose por lo tanto un grado de libertad. Por ejemplo si se tienen dos ejes de articulaciones prismáticas paralelos o dos ejes de articulaciones rotoides confundidas, se tendrá en cada caso dos articulaciones pero solo un grado de libertad (Figura 1.5). Esto claro está es un desperdicio desde el punto de vista económico. Sin embargo existen otros casos donde la presencia de configuraciones singulares no es tan evidente, pudiéndose presentar daños importantes en el robot. Esta situación particular se verá en la sección 3.3.

Figura 1.5. Configuraciones singulares.

Morfologías de brazos manipuladores: Con el fin de definir los diversos tipos de arquitecturas de robots industriales posibles se tienen en cuenta dos parámetros: tipo de articulación y ángulo que forman dos ejes sucesivos. Generalmente los ejes consecutivos son o paralelos o perpendiculares. El número de morfologías posibles se deduce entonces de la combinación de los cuatro valores que pueden tomar estos parámetros: articulación rotoide, articulación prismática, eje paralelo, y eje perpendicular.

Como puede observarse en la Tabla 1.1 (Khalil and Dombre, 2002), con 6 grados de libertad es posible construir hasta 3.508 robots completamente diferentes, lo cual muestra la gran diversidad de aplicaciones para las cuales pueden ser construidos. La Figura 1.6 muestra como ejemplo las 8 estructuras diferentes que se pueden construir con solo 2 grados de libertad.

Tabla 1.1 Estructuras posibles de robots dependiendo de los grados de libertad.

Grados de libertad	No. de estructuras
2	8
3	36
4	168
5	776
6	3.508

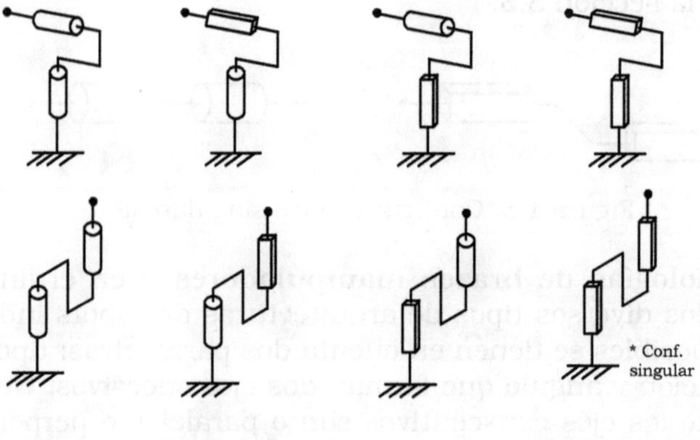

Figura 1.6. Estructuras posibles con 2 grados de libertad.

Diversas arquitecturas de robots: Los tres primeros grados de libertad de un robot industrial tipo serie (cadena cinemática abierta) forman lo que se llama el portador del robot. Dicho portador o brazo propiamente dicho, permite que el órgano terminal o muñeca llegue con su herramienta al sitio determinado en el espacio de trabajo donde el robot deba realizar su tarea. La muñeca está formada por los grados de libertad adicionales al portador y tiene dimensiones más pequeñas y de menor masa.

La Figura 1.7 muestra las combinaciones más utilizadas como portadores en el medio industrial, dependiendo del tipo de articulación que utilicen (rotoide R o prismática P). Es de notar que la arquitectura RRR (rotoide-rotoide-rotoide) es conocida como la arquitectura antropomorfa, ya que simula la configuración hombro y codo de un brazo humano.

En la práctica los portadores son de tipo RRP (esféricos), RPR (tóricos), RPP (cilíndricos), PPP (cartesianos), RRR (antropomorfos), y el conocido RRRP (robot SCARA). Los nombres en paréntesis hacen referencia al volumen que dibuja en el espacio tridimensional cada robot. Estas estructuras se muestran en la Figura 1.8.

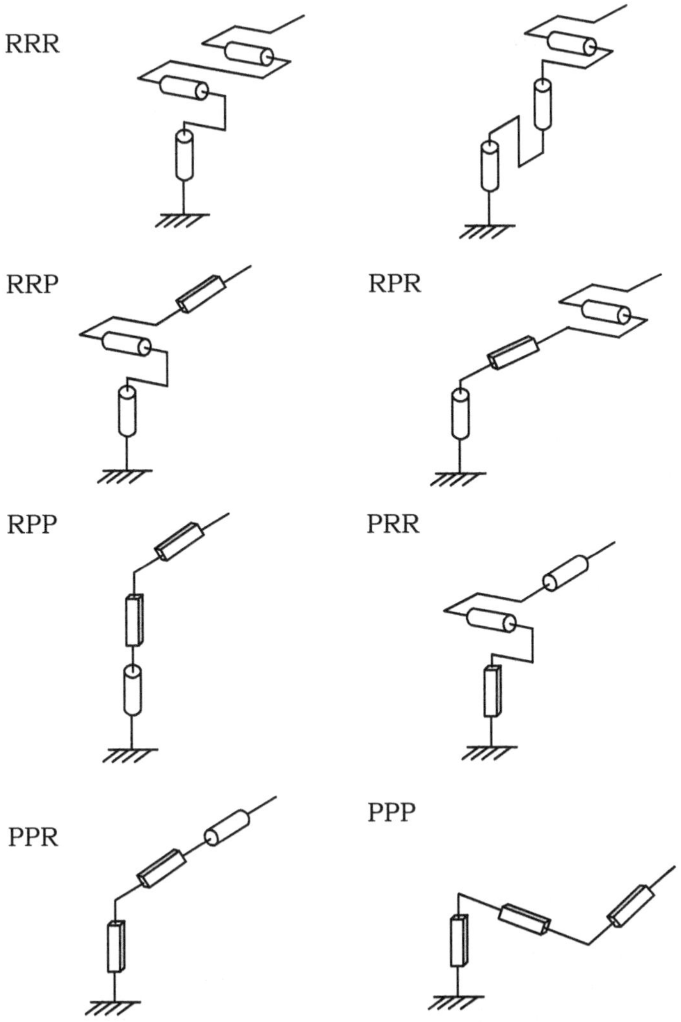

Figura 1.7. Diversos tipos de portadores robóticos.

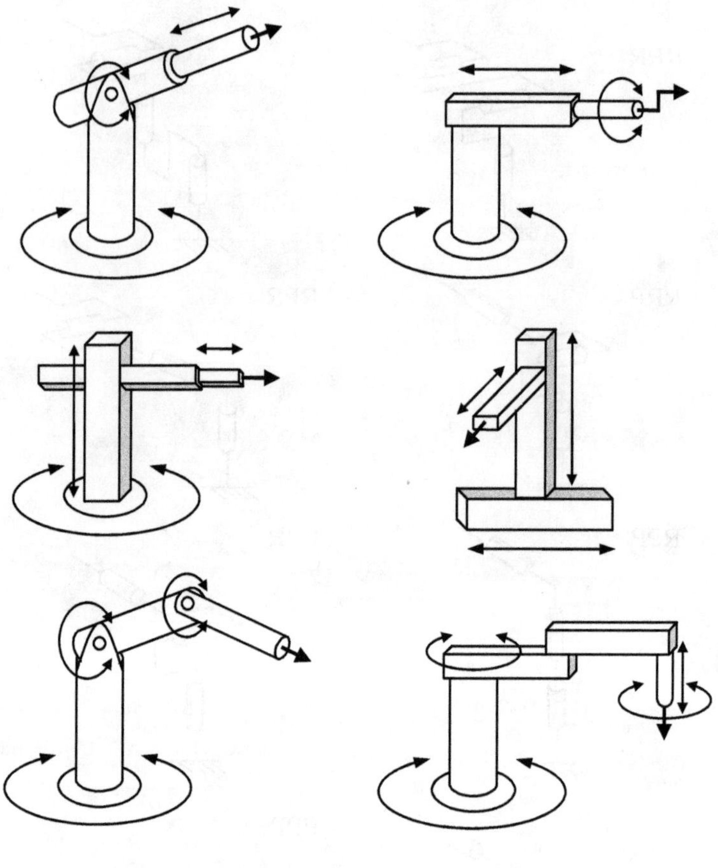

Figura 1.8. Portadores esférico, tórico, cilíndrico, cartesiano, antropomórfico y tipo SCARA.

El volumen de trabajo de los portadores más utilizados, suponiendo un giro completo de 360° para la primera articulación y un desplazamiento de L en su brazo es:

Portador cilíndrico: $3\pi L^3$
Portador esférico: $(28/3)\,\pi L^3$
Portador Scara: $4\pi L^3$
Portador antropomórfico: $(32/3)\pi L^3$

Los anteriores datos explican la popularidad comercial del portador antropomórfico, ya que su volumen de trabajo es claramente superior.

Para las muñecas se encuentran varias arquitecturas, siendo la más utilizada una muñeca RRR con 3 ejes que se cruzan, también llamada rótula. Esto significa que los tres ejes de rotación confluyen en un solo punto, lo cual se asemeja a la muñeca humana, pudiendo realizar las rotaciones llamadas de alabeo, cabeceo y guiñada (*roll*, *pitch* y *yaw* respectivamente). Los diversos tipos de muñeca se observan en la Figura 1.9.

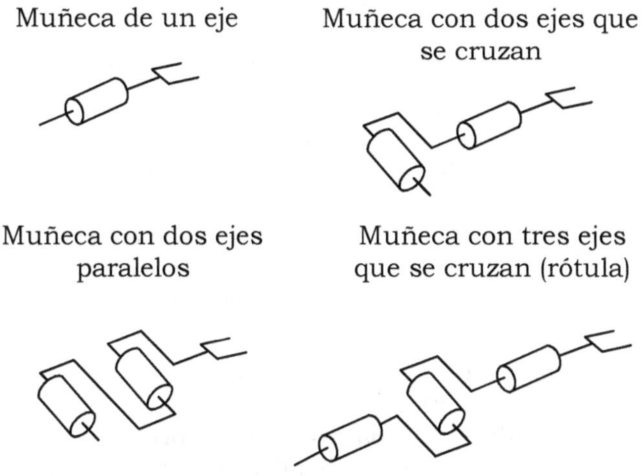

Figura 1.9. Diversos tipos de muñecas robóticas.

Desde el punto de vista comercial existen muchas características técnicas que diferencian un robot de otro. Sin embargo las más comunes son:

- Espacio de trabajo: Se refiere al conjunto de posiciones que el órgano terminal puede alcanzar. Está dado en centímetros o metros cúbicos.
- Carga útil: Es la carga máxima transportable por el robot, dada en kilogramos.

- Velocidades y aceleraciones máximas: Útiles para saber qué cadencia de producción puede proporcionar determinado robot. Las unidades son cm/seg o m/seg para la velocidad y cm/seg^2 o m/seg^2 para la aceleración.
- Desempeño: El cual se mide a partir de la exactitud del robot (diferencia entre la posición deseada y la posición medida), y la repetibilidad (dispersión de las posiciones alcanzadas cuando se controla sucesivamente la misma posición).
- Resolución: Hace referencia a la más pequeña modificación de la configuración del robot, a la vez observable y controlable por el sistema de control.

1.4 El mercado de la robótica en el mundo

Según la Federación Internacional de Robótica (*International Federation of Robotics*), existían en el año 2009 alrededor de 1.300.000 robots industriales instalados en todo el planeta. En el mismo año se vendieron alrededor de 113.000 nuevas unidades en el mundo, mercado que registra cierto estancamiento debido a la crisis económica mundial, pero del cual se espera un renovado crecimiento en los próximos años.

La crisis ha traído una disminución de los robots instalados en Norteamérica, debido a que ésta ha golpeado particularmente la industria automotriz, principal usuario de esta tecnología. Pero de otro lado las ventas han crecido en China, Corea y otros países de Asia. La Tabla 1.2 muestra un resumen de los robots vendidos en 2009 y el número total de robots en funcionamiento.

Las principales aplicaciones para los robots vendidos en los últimos años se centran en la industria automotriz, la fabricación de partes para automóviles, la fabricación de maquinaria eléctrica, la producción de productos químicos y plásticos, la producción de maquinaria industrial y la elaboración de productos alimenticios.

Tabla 1.2. Robots vendidos en 2009 y total instalados.

País	Vendidos en 2009	Total instalados
Japón	18.000	339.800
Norteamérica (USA, Canadá, México)	9.000	166.800
Alemania	10.000	145.800
Corea	8.100	79.300
Italia	3.500	62.900
China	5.000	36.800
Francia	1.800	34.400
España	1.500	27.400
Taiwán	3.400	23.700
Reino Unido	600	13.300
Benelux (Bélgica, Holanda, Luxemburgo)	1.300	11.200
Suecia	1.100	9.500
Australia y Nueva Zelanda	850	6.700
Tailandia	1.600	6.500
Latinoamérica	600	6.000
India	500	4.200

En cuanto a los robos de servicios éstos tuvieron un mercado mucho más dinámico en 2009: más de 65.000 unidades vendidas. De estos alrededor del 30% corresponden a robots de defensa, rescate y aplicaciones de seguridad. Le siguen los robots para aplicaciones agroindustriales con un 23%, los robots de limpieza con un 9%, robots médicos y submarinos con un 8%, robots para construcción y demolición con un 7% y robots móviles para usos variados con un 6%.

Por último el mercado de robots para uso personal y privado es mucho más grande, ya que involucra robots producidos en masa a precios más bajos que los anteriores y cuyo destinatario es un usuario particular. En 2009 se vendieron cerca de 4 millones y medio de robots para uso doméstico (robots aspiradora, robots cortadores de césped, etc.) y casi 3 millones de robots de entretenimiento (juguetes robot, robots educativos, robots de entrenamiento, etcétera).

1.5 Conceptos matemáticos utilizados en robótica

Los conceptos matemáticos imprescindibles en la robótica son el álgebra lineal y el trabajo con los sistemas de coordenadas espaciales. Para describir la posición y orientación de un robot en cada instante de tiempo, tanto al puesto de trabajo como a cada una de las articulaciones del robot debe asignársele un sistema de coordenadas. La noción de transformación de coordenadas es por lo tanto fundamental y permite:

- Expresar la situación de los diferentes cuerpos del robot, los unos con referencia a los otros.
- Especificar la situación que debe tomar el sistema de coordenadas asociado al órgano terminal del robot para realizar una determinada tarea, así como su velocidad correspondiente.
- Describir y controlar los esfuerzos necesarios cuando el robot interactúa con su entorno.
- Integrar al control las informaciones provenientes de los sensores, los cuales poseen su sistema de referencia propio.

Existen diversas formas de ubicar un punto en el espacio, tales como los ángulos de Euler o los cuaternios (Siciliano and Khatib, 2008), que tratan la rotación y el desplazamiento de manera separada. Últimamente ha despertado bastante interés la teoría de los *screws* (Davidson and Hunt, 2004), la cual combina rotación y desplazamiento utilizando pocos cálculos. Sin embargo la forma más utilizada para trabajar estas dos situaciones sigue siendo las transformaciones homogéneas, las cuales se verán a continuación.

1.5.1 Transformaciones homogéneas

Permiten expresar las posiciones de los diferentes cuerpos del robot, las unas en relación con las otras. En este caso los vectores de posición y las matrices de orientación se combinan y se expresan de manera compacta.

1.5.1.1 Coordenadas homogéneas

Para representar un punto en el espacio se utilizan cuatro elementos: tres describen su posición en el espacio respecto al origen, y un cuarto representa un factor de escalamiento, normalmente unitario. La representación de un punto se realiza entonces de la siguiente manera:

$$\boldsymbol{p} = \begin{bmatrix} P_x & P_y & P_z & 1 \end{bmatrix}^T \tag{1}$$

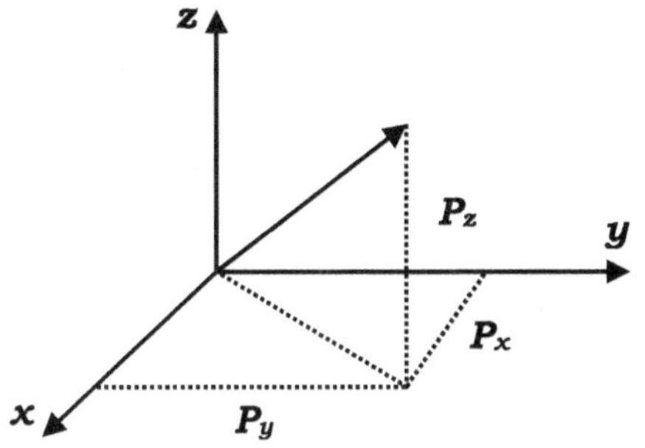

Figura 1.10. Representación de un punto en coordenadas homogéneas.

La representación de una dirección es algo mucho más complejo. Se realiza igualmente a partir de cuatro elementos como en el caso anterior, pero ahora los primeros tres elementos son vectores de dimensión 3x1, donde cada uno de ellos representa la rotación del punto final en *x*, *y* e *z*, respecto a los ejes *x*, *y* e *z* originales. Esta rotación se define por medio de la siguiente matriz.

$$\boldsymbol{u} = \begin{bmatrix} \boldsymbol{u}_x & \boldsymbol{u}_y & \boldsymbol{u}_z & 0 \end{bmatrix}^T \tag{2}$$

Expandiendo cada vector:

$$\boldsymbol{u} = \begin{bmatrix} s_x & n_x & a_x \\ s_y & n_y & a_y \\ s_z & n_z & a_z \\ 0 & 0 & 0 \end{bmatrix} \tag{3}$$

Donde:

s_x: Rotación del eje x actual respecto al eje x anterior.
s_y: Rotación del eje x actual respecto al eje y anterior.
s_z: Rotación del eje x actual respecto al eje z anterior.
n_x: Rotación del eje y actual respecto al eje x anterior.
n_y: Rotación del eje y actual respecto al eje y anterior.
n_z: Rotación del eje y actual respecto al eje z anterior.
a_x: Rotación del eje z actual respecto al eje x anterior.
a_y: Rotación del eje z actual respecto al eje y anterior.
a_z: Rotación del eje z actual respecto al eje z anterior.

1.5.1.2 Transformación de coordenadas

Utilizando las representaciones anteriores para rotar y desplazar un cuerpo, en la Figura 1.11 se muestra la transformación de coordenadas entre dos sistemas de referencia. Esta transformación está definida por la matriz ${}^{i}\boldsymbol{T}_j$, la cual se expresa de la siguiente manera:

$${}^{i}\boldsymbol{T}_j = \begin{bmatrix} {}^{i}\boldsymbol{s}_j & {}^{i}\boldsymbol{n}_j & {}^{i}\boldsymbol{a}_j & {}^{i}\boldsymbol{P}_j \end{bmatrix} = \begin{bmatrix} s_x & n_x & a_x & P_x \\ s_y & n_y & a_y & P_y \\ s_z & n_z & a_z & P_z \\ 0 & 0 & 0 & 1 \end{bmatrix} \tag{4}$$

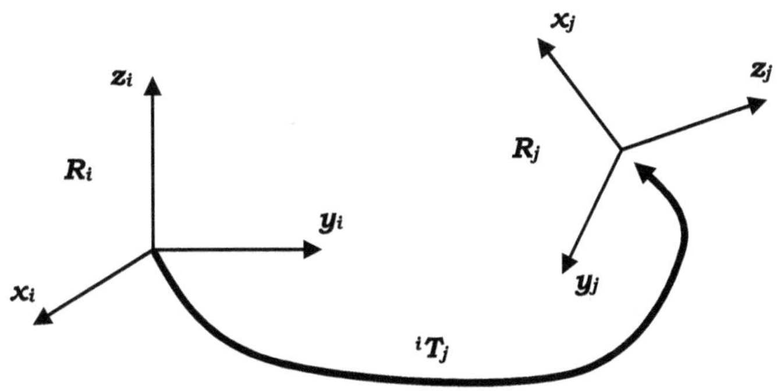

Figura 1.11. Transformación de coordenadas.

Se puede decir entonces que los vectores unitarios ${}^i\boldsymbol{s}_j$, ${}^i\boldsymbol{n}_j$, ${}^i\boldsymbol{a}_j$ son los vectores según los ejes $\boldsymbol{x}_j$, $\boldsymbol{y}_j$ y $\boldsymbol{z}_j$ de la base $\boldsymbol{R}_j$, expresados en la base $\boldsymbol{R}_i$; y que ${}^i\boldsymbol{P}_j$ es el vector que expresa el origen de la base $\boldsymbol{R}_j$ en la base $\boldsymbol{R}_i$. Dicho de otra manera la matriz ${}^i\boldsymbol{T}_j$ define la base $\boldsymbol{R}_j$ en la base $\boldsymbol{R}_i$.

Otra forma de expresar la matriz ${}^i\boldsymbol{T}_j$ vista en (4) es:

$$ {}^i\boldsymbol{T}_j = \begin{bmatrix} & {}^i\boldsymbol{A}_j & & {}^i\boldsymbol{P}_j \\ 0 & 0 & 0 & 1 \end{bmatrix} = \begin{bmatrix} {}^i\boldsymbol{s}_j & {}^i\boldsymbol{n}_j & {}^i\boldsymbol{a}_j & {}^i\boldsymbol{P}_j \\ 0 & 0 & 0 & 1 \end{bmatrix} \qquad (5) $$

En este caso a ${}^i\boldsymbol{A}_j$ se le conoce como matriz de orientación y a ${}^i\boldsymbol{P}_j$ como vector de posición, iguales a:

$$ {}^i\boldsymbol{A}_j = \begin{bmatrix} s_x & n_x & a_x \\ s_y & n_y & a_y \\ s_z & n_z & a_z \end{bmatrix}; \; {}^i\boldsymbol{P}_j = \begin{bmatrix} P_x \\ P_y \\ P_z \end{bmatrix} \qquad (6) $$

Ejemplo 1.1: Representación de la matriz ${}^i\boldsymbol{T}_j$ cuando se presenta desplazamiento y rotación respecto al sistema de coordenadas original.

a) Desplazamiento:

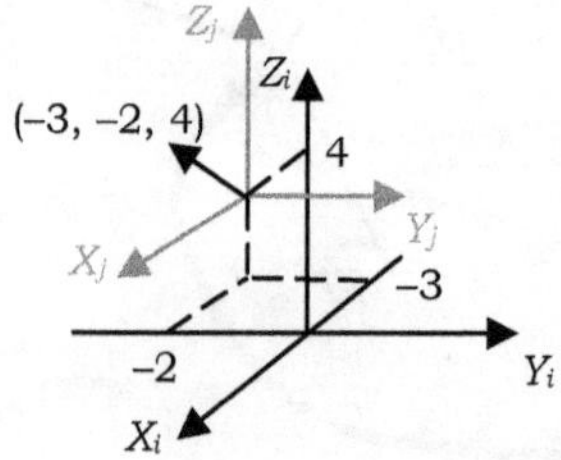

$$ {}^{i}\boldsymbol{T}_j = \begin{bmatrix} 1 & 0 & 0 & -3 \\ 0 & 1 & 0 & -2 \\ 0 & 0 & 1 & 4 \\ 0 & 0 & 0 & 1 \end{bmatrix} $$

Definir el vector de posición es fácil, simplemente se expresa el actual origen de coordenadas (sistema $\boldsymbol{R_j}$) respecto al anterior origen de coordenadas (sistema $\boldsymbol{R_i}$). Se observa entonces que el origen del sistema $\boldsymbol{R_j}$ se encuentra a −3 unidades en *x*, −2 unidades en *y*, 4 unidades en *z*, respecto al origen del sistema $\boldsymbol{R_i}$. Definir la orientación es más complejo, por algo se necesitan nueve elementos para realizarlo. En este caso la presencia de la matriz unitaria en ${}^{i}\boldsymbol{A}_j$ significa que el vector $\boldsymbol{X_j}$ está en la misma dirección que el vector $\boldsymbol{X_i}$, que el vector $\boldsymbol{Y_j}$ está en la misma dirección que el vector $\boldsymbol{Y_i}$, y que el vector $\boldsymbol{Z_j}$ está en la misma dirección que el vector $\boldsymbol{Z_i}$.

b) Desplazamiento y rotación de 90 grados en los ejes:

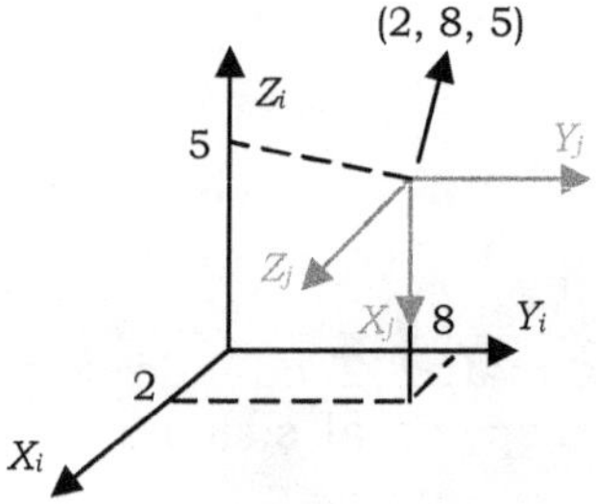

$$ {}^{i}\boldsymbol{T}_j = \begin{bmatrix} 0 & 0 & 1 & 2 \\ 0 & 1 & 0 & 8 \\ -1 & 0 & 0 & 5 \\ 0 & 0 & 0 & 1 \end{bmatrix} $$

En este ejemplo, aparte del desplazamiento de (2, 8, 5) del origen del sistema de coordenadas R_j, se presenta además una rotación de 90 grados. Para cada uno de los vectores de la matriz de orientación se realiza el siguiente análisis:

${}^i\boldsymbol{s}_j$: El vector $\boldsymbol{X}_j$ está en la dirección contraria del vector $\boldsymbol{Z}_i$, siendo paralelo a él. Por lo tanto hay coincidencia en el elemento s_z, el cual será igual a −1 dada la dirección contraria entre los dos. Los otros dos elementos serán iguales a cero ya que son perpendiculares con el vector $\boldsymbol{X}_j$.

${}^i\boldsymbol{n}_j$: El vector $\boldsymbol{Y}_j$ está en la misma dirección del vector $\boldsymbol{Y}_i$, siendo paralelo a él. Hay coincidencia en el elemento n_y, el cual será igual a 1. Los otros dos elementos son iguales a cero.

${}^i\boldsymbol{a}_j$: El vector $\boldsymbol{Z}_j$ está en la misma dirección del vector $\boldsymbol{X}_i$, siendo paralelo a él. Hay coincidencia en el elemento a_x, el cual será igual a 1. Los otros dos elementos son iguales a cero.

Ejercicio 1.1:

Dibujar las rotaciones y translaciones representadas por las siguientes matrices de transformación:

a) $${}^i\boldsymbol{T}_j = \begin{bmatrix} 0 & 0 & 1 & 3 \\ -1 & 0 & 0 & 5 \\ 0 & -1 & 0 & 5 \\ 0 & 0 & 0 & 1 \end{bmatrix}$$; b) $${}^i\boldsymbol{T}_j = \begin{bmatrix} 0 & -1 & 0 & 1 \\ 0 & 0 & 1 & 0 \\ 1 & 0 & 0 & 4 \\ 0 & 0 & 0 & 1 \end{bmatrix}$$;

c) $${}^i\boldsymbol{T}_j = \begin{bmatrix} 1 & 0 & 0 & -2 \\ 0 & 0 & -1 & 1 \\ 0 & -1 & 0 & -2 \\ 0 & 0 & 0 & 1 \end{bmatrix}$$

Rotación sobre un solo eje:

Cuando se presenta rotación sobre uno solo de los ejes en un ángulo θ determinado, se tienen las siguientes matrices de transformación:

a) Rotación sobre el eje *x*:

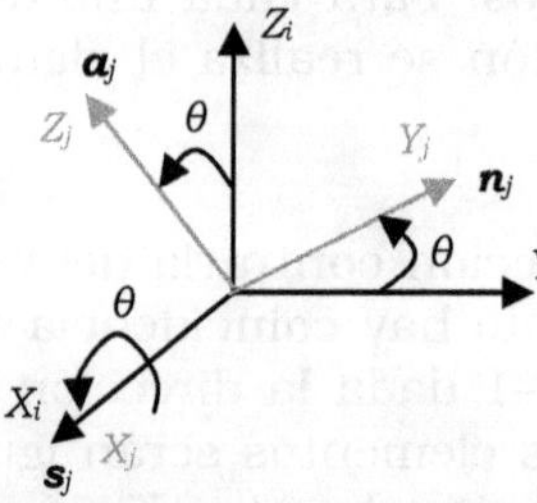

$$
{}^{i}\boldsymbol{T}_j = \begin{bmatrix} 1 & 0 & 0 & 0 \\ 0 & C\theta & -S\theta & 0 \\ 0 & S\theta & C\theta & 0 \\ 0 & 0 & 0 & 1 \end{bmatrix}
$$

b) Rotación sobre el eje *y*:

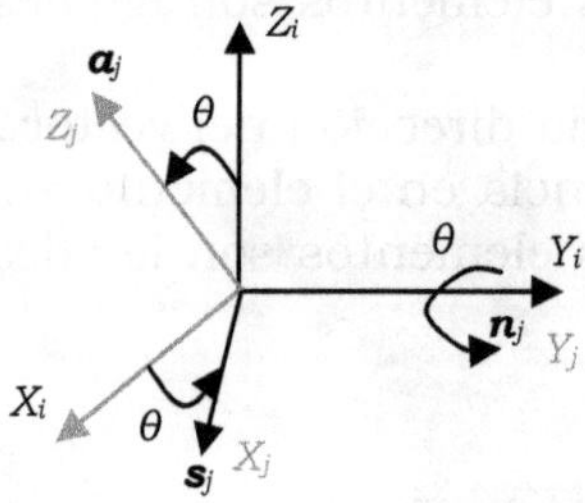

$$
{}^{i}\boldsymbol{T}_j = \begin{bmatrix} C\theta & 0 & S\theta & 0 \\ 0 & 1 & 0 & 0 \\ -S\theta & 0 & C\theta & 0 \\ 0 & 0 & 0 & 1 \end{bmatrix}
$$

c) Rotación sobre el eje *z*:

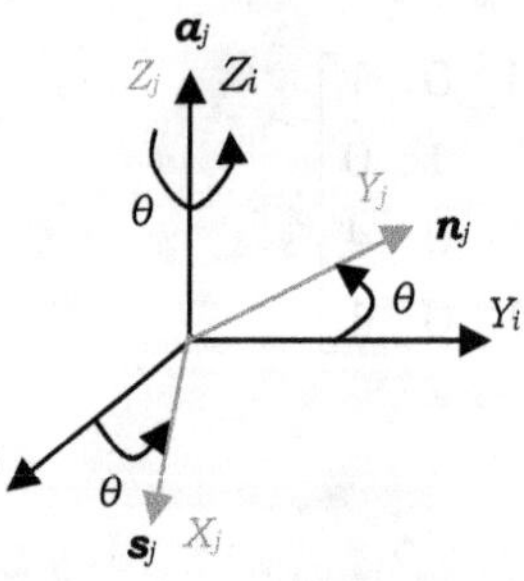

$$
{}^{i}\boldsymbol{T}_j = \begin{bmatrix} C\theta & -S\theta & 0 & 0 \\ S\theta & C\theta & 0 & 0 \\ 0 & 0 & 1 & 0 \\ 0 & 0 & 0 & 1 \end{bmatrix}
$$

Es claro que en la práctica se presentan múltiples combinaciones de desplazamientos y rotaciones, con varios cuerpos y al mismo tiempo. Esto exige una representación mucho más compleja, la cual se verá en el siguiente capítulo.

2. Modelo geométrico

2.1. Conceptos generales

Existen dos métodos para representar geométricamente un robot, es decir, dos maneras de representar las características físicas del robot en un sistema de coordenadas referenciado a cada articulación. El más común y antiguo es el método de Denavit-Hartenberg (1955). Sin embargo, debido a las limitaciones de dicho método frente estructuras robóticas más complejas, Khalil-Kleinfinger (1986) desarrollaron un método más general, el cual será utilizado en este libro. Dicho método también es utilizado en los libros de Craig (1986) y Ollero (2001).

Antes de utilizar este método se debe realizar la colocación de los ejes x y z sobre las articulaciones del robot (el eje y no es importante). Para esto se deben tener en cuenta dos consideraciones:

- el eje z_j es el eje de la articulación j, es decir el eje sobre el cual rota o se traslada la articulación.
- el eje x_j es perpendicular común a los ejes z_j y z_{j+1} (esto implica que el eje x_j forma un ángulo de 90° con cada uno de los ejes z_j y z_{j+1}, y que además los toque directamente).

Se definen cinco parámetros geométricos para cada una de las articulaciones del robot:

σ_j: tipo de articulación ($\sigma j = 0$ si la articulación es rotoide; $\sigma j = 1$ si la articulación es prismática).

α_j: ángulo entre los ejes z_{j-1} y z_j correspondiente a una rotación alrededor de x_{j-1}.

d_j: distancia entre z_{j-1} y z_j a lo largo de x_{j-1}.

θ_j: ángulo entre los ejes x_{j-1} y x_j correspondiente a una rotación alrededor de z_j.

r_j: distancia entre x_{j-1} y x_j a lo largo de z_j.

La matriz que define R_j en R_{j-1} (nótese que antes era llamada ${}^{i}T_j$) es :

$$^{j-1}T_j = \text{Rot}(x, \alpha_j)\ \text{Trans}(x, d_j)\ \text{Rot}(z, \theta_j)\ \text{Trans}(z, r_j)$$

$$^{j-1}\boldsymbol{T}_j = \begin{bmatrix} C\theta_j & -S\theta_j & 0 & d_j \\ C\alpha_j S\theta_j & C\alpha_j C\theta_j & -S\alpha_j & -r_j S\alpha_j \\ S\alpha_j S\theta_j & S\alpha_j C\theta_j & C\alpha_j & r_j C\alpha_j \\ 0 & 0 & 0 & 1 \end{bmatrix} \quad (7)$$

Donde para aligerar la escritura, $C\theta_j$ representa a $\cos(\theta_j)$, $S\theta_j$ a $\text{sen}(\theta_j)$, y así sucesivamente. Existe igualmente la transformación inversa, de R_{j-1} a R_j, la cual es igual a:

$$^{j}\boldsymbol{T}_{j-1} = \begin{bmatrix} & & & -d_j C\theta_j \\ & {}^{j-1}\boldsymbol{A}_j^{\,T} & & d_j S\theta_j \\ & & & -r_j \\ 0 & 0 & 0 & 1 \end{bmatrix} \quad (8)$$

Obsérvese que en esta última ecuación la matriz de orientación de $^{j}T_{j-1}$ es la transpuesta de la matriz de orientación de $^{j-1}T_j$, mas no así el vector de posición, que tiene su propia expresión.

2.2. Procedimiento para hallar la tabla de parámetros geométricos de un robot

c) Colocar los ejes z_j- de cada articulación.

d) Colocar los ejes x_j- de cada articulación, teniendo en cuenta la condición de perpendicularidad común expresada anteriormente.

e) Hallar los cinco parámetros geométricos dependiendo de la relación (distancias y ángulos) entre los ejes de las articulaciones.

Recomendaciones:

- El parámetro σ_j es el más sencillo de hallar, él es igual a 0 si la articulación es rotoide, igual a 1 si la articulación es prismática.
- El parámetro α_j se obtiene mediante la regla de la mano derecha: se ubica el pulgar en la dirección de x_{j-1} y los dedos en la dirección de z_{j-1}. Los dedos se dirigen hacia la palma, donde estará z_j, formando un ángulo de 90°. Si la rotación se verifica de z_{j-1} a z_j el signo es positivo (+90°), si va de z_j a z_{j-1} el signo es negativo (-90°). Igualmente se puede verificar la presencia de un signo negativo en el ángulo si el pulgar tiene que ubicarse en $-x_{j-1}$ para poder realizar la rotación requerida.
- El parámetro d_j se obtiene fácilmente a partir de la distancia definida anteriormente.
- El parámetro θ_j muestra directamente la presencia de una articulación rotoide. Obsérvese que al aplicar la definición efectivamente deberá aparecer un ángulo entre x_{j-1} y x_j, teniendo en cuenta que x_j se mueve (rota) mientras que x_{j-1} permanece inmóvil. Igualmente podría existir un ángulo de +90° o de -90° entre estos dos ejes, sin la presencia de una articulación rotoide.
- El parámetro r_j muestra directamente la presencia de una articulación prismática. Al aplicar la definición se debe mantener fijo el eje x_{j-1} y suponer que existe movimiento en el eje x_j con el fin de verificar la presencia o no de la distancia respectiva. Igualmente podría existir una distancia fija entre los ejes x_j y x_{j-1} sin la presencia de una articulación prismática

Ejemplo 2.1: Parámetros geométricos de un robot tipo PUMA.

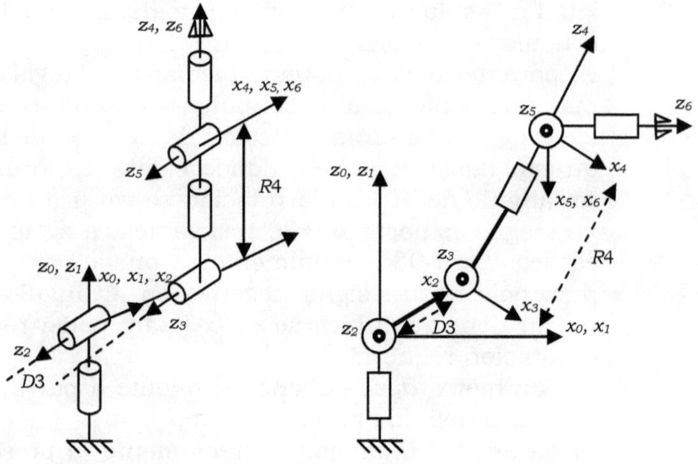

Figura 2.1. Arquitectura robot tipo PUMA (izquierda: vista en 3D; derecha: vista frontal).

La anterior figura muestra la arquitectura de un robot tipo PUMA de seis grados de libertad, donde todas las articulaciones son rotoides. Obsérvese igualmente que las tres primeras articulaciones corresponden a un portador antropomórfico mientras que las tres últimas corresponden a una muñeca tipo rótula. La Figura 2.1 muestra el robot visto en tres dimensiones y en dos, con el fin de facilitar su análisis. Nótese que intencionalmente en la figura de la derecha se ha rotado la articulación número cinco, sin embargo esto no varía la tabla de parámetros geométricos que se muestran en la Tabla 2.1.

Tabla 2.1. Tabla de parámetros geométricos robot tipo PUMA.

j	σ_j	α_j	d_j	θ_j	r_j
1	0	0	0	θ_1	0
2	0	90	0	θ_2	0
3	0	0	$D3$	θ_3	0
4	0	-90	0	θ_4	$R4$
5	0	90	0	θ_5	0
6	0	-90	0	θ_6	0

Ejemplo 2.2: Parámetros geométricos de un robot cilíndrico.

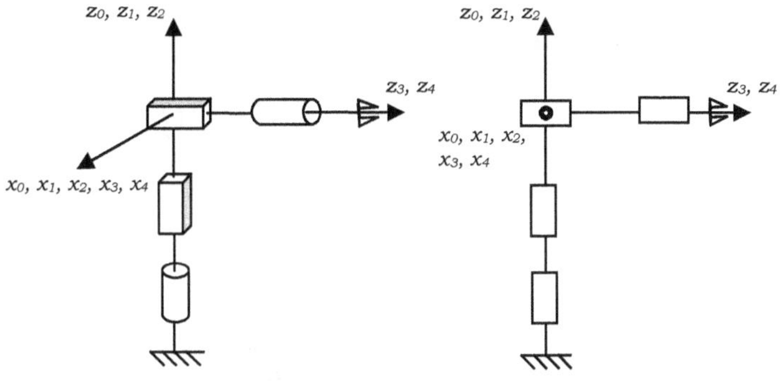

Figura 2.2. Arquitectura robot cilíndrico.

Tabla 2.2. Tabla de parámetros geométricos robot cilíndrico.

j	σ_j	α_j	d_j	θ_j	r_j
1	0	0	0	θ_1	0
2	1	0	0	0	$r2$
3	1	-90°	0	0	$r3$
4	0	0	0	θ_4	0

Ejercicio 2.1:

Hallar la tabla de parámetros geométricos de los siguientes robots:

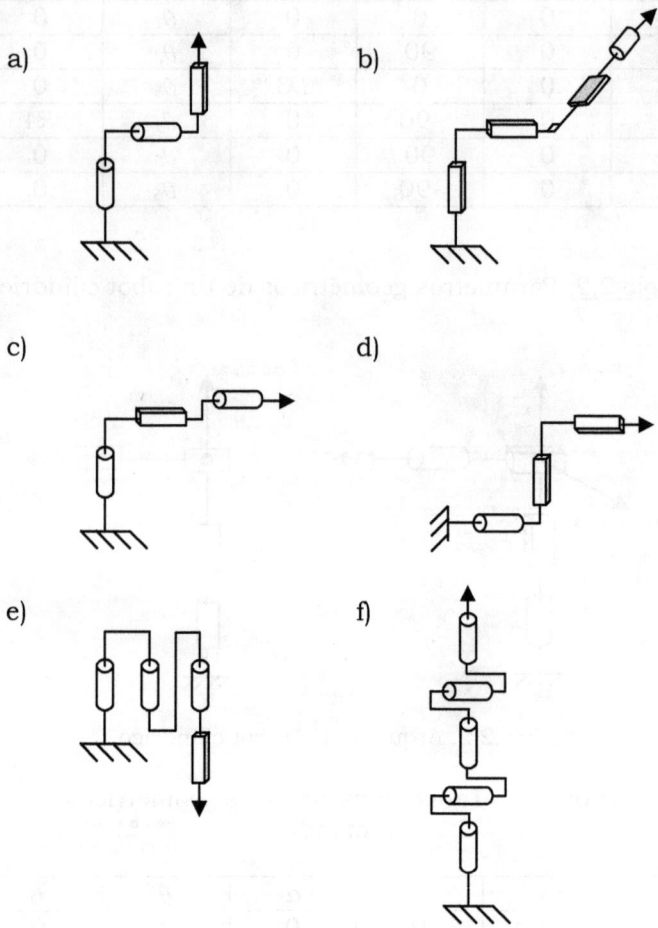

a)

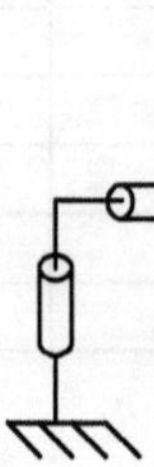

b)

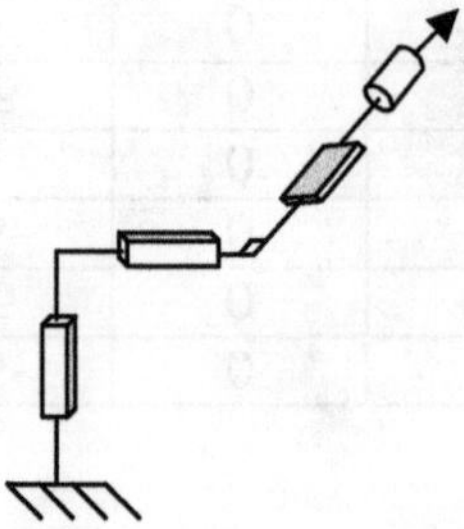

c)

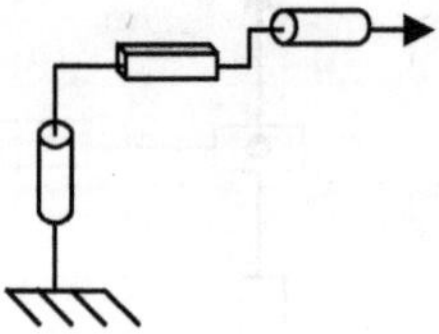

d)

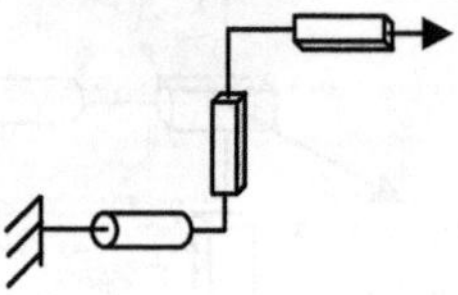

e)

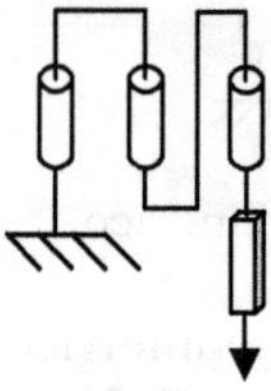

f)

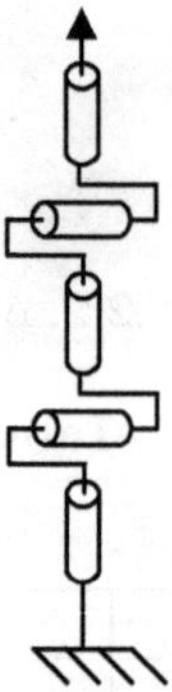

Nota: El robot del numeral e) es conocido como robot tipo SCARA, ampliamente utilizado en la industria para operaciones de ensamblado.

2.2.1 Relaciones entre la base y el órgano terminal

Como se vio en el capítulo anterior, a cada cuerpo en movimiento se le debe asociar un sistema de coordenadas determinado. Si se tienen varios cuerpos unidos y movidos por cierto número de articulaciones (como en un robot tipo serie), un sistema de coordenadas estará presente en cada articulación. Es de vital importancia en cada tiempo de muestreo saber exactamente cuál es la posición y orientación del órgano terminal respecto a la base.

Como lo muestra la Figura 2.3, al moverse todo el robot al mismo tiempo debe encontrarse una manera de relacionar las matrices de transformación de cada una de las articulaciones. Antes de hallar la relación entre el órgano terminal y la base se debe modelar matemáticamente cada articulación con el fin de obtener una matriz de transformación para cada una de ellas.

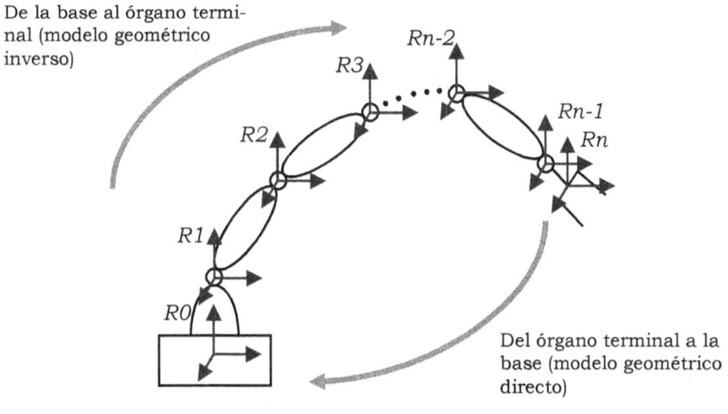

Figura 2.3. Sistemas de coordenadas para cada articulación.

Dos modelos son necesarios para saber en todo momento dónde exactamente se encuentra el órgano terminal, y qué articulaciones se deben mover para posicionar el órgano terminal en un punto deseado. En el primer caso se habla del modelo geométrico directo, donde a partir de la matriz ${}^{0}T_{n}$ la base puede conocer en todo momento la posición y orientación del órgano terminal. En el segundo caso se habla del modelo geométrico inverso, donde es necesario conocer las ecuaciones que rigen cada articulación para saber cómo deben moverse para posicionar el órgano terminal en un punto deseado. Los dos modelos son complementarios, la siguiente tabla muestra sus diferencias.

Tabla 2.3. Diferencias entre el modelo geométrico directo e inverso.

	Variables conocidas	Incógnitas
Modelo geométrico directo	θ_i r_i	${}^0\boldsymbol{T}_n$
Modelo geométrico inverso	${}^0\boldsymbol{T}_n$	θ_i r_i

2.3 Modelo geométrico directo

Este modelo expresa la situación del órgano terminal, es decir, las coordenadas operacionales del robot (notadas por $\boldsymbol{X}$), en función de sus coordenadas articulares (notadas por $\boldsymbol{q}$). En este caso $\boldsymbol{X}$ representa las tres dimensiones x, y, z en un espacio tridimensional, y $\boldsymbol{q}$ representa el tipo de articulación (rotoide o prismática) expresada en el espacio articular.

En otras palabras, conocidas las posiciones articulares de cada articulación de un robot, este modelo permite conocer la posición cartesiana y la orientación del órgano terminal. Esto permite al programador saber con exactitud dónde se encuentra el órgano terminal del robot en cada momento, sin hacer uso de un sistema de visión.

Para hallar el modelo geométrico directo (${}^0T_n$) es necesario aplicar la matriz ${}^{j-1}\boldsymbol{T}_j$ vista en la ecuación (7) a cada una de las articulaciones del robot, utilizando para ello la tabla de parámetros geométricos.

<u>Ejemplo 2.3:</u> Modelo geométrico directo del robot tipo PUMA del Ejemplo 2.1. El modelo geométrico directo de este robot de seis grados de libertad estará representado por la matriz

${}^{0}\boldsymbol{T}_6$. A su vez esta matriz es igual a la multiplicación sucesiva de ${}^{0}\boldsymbol{T}_6 = {}^{0}\boldsymbol{T}_1{}^{1}\boldsymbol{T}_2{}^{2}\boldsymbol{T}_3{}^{3}\boldsymbol{T}_4{}^{4}\boldsymbol{T}_5{}^{5}\boldsymbol{T}_6$. Esto significa que deben hallarse cada una de las seis matrices que representan la transformación entre cada sistema de coordenadas de este robot.

Para la primera articulación del robot PUMA los valores geométricos son:

j	σ_j	α_j	d_j	θ_j	r_j
1	0	0	0	θ_1	0

Reemplazando estos valores en la matriz ${}^{j-1}\boldsymbol{T}_j$, con $j = 1$, se tiene:

$$
{}^{j-1}\boldsymbol{T}_j = \begin{bmatrix} C\theta_j & -S\theta_j & 0 & d_j \\ C\alpha_j S\theta_j & C\alpha_j C\theta_j & -S\alpha_j & -r_j S\alpha_j \\ S\alpha_j S\theta_j & S\alpha_j C\theta_j & C\alpha_j & r_j C\alpha_j \\ 0 & 0 & 0 & 1 \end{bmatrix}
$$

$$
= \begin{bmatrix} \cos\theta_1 & -\text{sen}\theta_1 & 0 & d_1 \\ \cos\alpha_1 \text{sen}\theta_1 & \cos\alpha_1 \cos\theta_1 & -\text{sen}\alpha_1 & -r_1 \text{sen}\alpha_1 \\ \text{sen}\alpha_1 \text{sen}\theta_1 & \text{sen}\alpha_1 \cos\theta_1 & \cos\alpha_1 & r_1 \cos\alpha_1 \\ 0 & 0 & 0 & 1 \end{bmatrix}
$$

Se reemplaza entonces $\alpha_1 = 0$, $d_1 = 0$, $r_1 = 0$ en la ecuación anterior. De la misma manera, y utilizando los demás datos de la tabla de parámetros geométricos, se hallan las demás matrices de transformación, las cuales se detallan a continuación:

$$
{}^{0}\boldsymbol{T}_1=\begin{bmatrix} C1 & -S1 & 0 & 0\\ S1 & C1 & 0 & 0\\ 0 & 0 & 1 & 0\\ 0 & 0 & 0 & 1\end{bmatrix};\ {}^{1}\boldsymbol{T}_2=\begin{bmatrix} C2 & -S2 & 0 & 0\\ 0 & 0 & -1 & 0\\ S2 & C2 & 0 & 0\\ 0 & 0 & 0 & 1\end{bmatrix};
$$

$$
{}^{2}\boldsymbol{T}_3=\begin{bmatrix} C3 & -S3 & 0 & D3\\ S3 & C3 & 0 & 0\\ 0 & 0 & 1 & 0\\ 0 & 0 & 0 & 1\end{bmatrix};\ {}^{3}\boldsymbol{T}_4=\begin{bmatrix} C4 & -S4 & 0 & 0\\ 0 & 0 & 1 & R4\\ -S4 & -C4 & 0 & 0\\ 0 & 0 & 0 & 1\end{bmatrix};
$$

$$
{}^{4}\boldsymbol{T}_5=\begin{bmatrix} C5 & -S5 & 0 & 0\\ 0 & 0 & -1 & 0\\ S5 & C5 & 0 & 0\\ 0 & 0 & 0 & 1\end{bmatrix};\ {}^{5}\boldsymbol{T}_6=\begin{bmatrix} C6 & -S6 & 0 & 0\\ 0 & 0 & 1 & 0\\ -S6 & -C6 & 0 & 0\\ 0 & 0 & 0 & 1\end{bmatrix}
$$

Nota: Inmediatamente se observe en las ecuaciones resultantes un esquema que pueda conducir a una reducción de sumas de senos y cosenos, deben aplicarse las fórmulas siguientes con el fin de aligerar los cálculos:

$$
\begin{aligned} \operatorname{sen}(a+b)&=\operatorname{sen}(a)\cos(b)+\operatorname{sen}(b)\cos(a)\\ \cos(a+b)&=\cos(a)\cos(b)-\operatorname{sen}(a)\operatorname{sen}(b)\end{aligned} \qquad (9)
$$

Esto significa que una cadena cinemática tiene dos o más ejes paralelos consecutivos. Por ejemplo para el PUMA, las articulaciones 2 y 3 son paralelas. La matriz resultante de multiplicar sus respectivas matrices de transformación es:

$$
{}^{1}\boldsymbol{T}_3=\begin{bmatrix} C2C3-S2S3 & -C2S3-S2C3 & 0 & D3C2\\ 0 & 0 & -1 & 0\\ S2C3+C2S3 & -S2S3+C2C3 & 0 & D3S2\\ 0 & 0 & 0 & 1\end{bmatrix}
$$

Aplicando las relaciones mostradas en (9) la matriz ${}^{1}T_{3}$ se simplifica a:

$$ {}^{1}\boldsymbol{T}_{3} = \begin{bmatrix} C23 & -S23 & 0 & C2D3 \\ 0 & 0 & -1 & 0 \\ S23 & C23 & 0 & S2D3 \\ 0 & 0 & 0 & 1 \end{bmatrix} $$

Se calcula ahora el modelo geométrico directo para el robot PUMA, partiendo de la última articulación:

$$ \boldsymbol{U}_{5} = {}^{5}\boldsymbol{T}_{6} $$

$$ \boldsymbol{U}_{4} = {}^{4}\boldsymbol{T}_{6} = {}^{4}\boldsymbol{T}_{5}\,{}^{5}\boldsymbol{T}_{6} = \begin{bmatrix} C5C6 & -C5S6 & -S5 & 0 \\ S6 & C6 & 0 & 0 \\ S5C6 & -S5S6 & C5 & 0 \\ 0 & 0 & 0 & 1 \end{bmatrix} $$

$$ \boldsymbol{U}_{3} = {}^{3}\boldsymbol{T}_{6} = {}^{3}\boldsymbol{T}_{4}\boldsymbol{U}_{4} = $$

$$ \begin{bmatrix} C4C5C6-S4S6 & -C4C5S6-S4C6 & -C4S5 & 0 \\ S5C6 & -S5S6 & C5 & R4 \\ -S4C5C6-C4S6 & S4C5S6-C4C6 & S4S5 & 0 \\ 0 & 0 & 0 & 1 \end{bmatrix} $$

$$ \boldsymbol{U}_{2} = {}^{2}\boldsymbol{T}_{6} = {}^{2}\boldsymbol{T}_{3}\boldsymbol{U}_{3} $$

Los vectores de la matriz $\boldsymbol{U}_2$ son:

$$s_x = C3(C4C5C6 - S4S6) - S3S5C6$$
$$s_y = S3(C4C5C6 - S4S6) + C3S5C6$$
$$s_z = -S4C5C6 - C4S6$$
$$n_x = -C3(C4C5S6 + S4C6) + S3S5S6$$
$$n_y = -S3(C4C5S6 + S4C6) - C3S5S6$$
$$n_z = S4C5S6 - C4C6$$
$$a_x = -C3C4S5 - S3C5$$
$$a_y = -S3C4S5 + C3C5$$
$$a_z = S4S5$$
$$P_x = -S3R4 + D3$$
$$P_y = C3R4$$
$$P_z = 0$$

$$\boldsymbol{U}_1 = {}^1\boldsymbol{T}_6 = {}^1\boldsymbol{T}_2\boldsymbol{U}_2 = {}^1\boldsymbol{T}_3\boldsymbol{U}_3$$

Los vectores de la matriz $\boldsymbol{U}_1$ son:

$$s_x = C23(C4C5C6 - S4S6) - S23S5C6$$
$$s_y = S4C5C6 + C4S6$$
$$s_z = S23(C4C5C6 - S4S6) + C23S5C6$$
$$n_x = -C23(C4C5S6 + S4C6) + S23S5S6$$
$$n_y = -S4C5S6 + C4C6$$
$$n_z = -S23(C4C5S6 + S4C6) - C23S5S6$$
$$a_x = -C23C4S5 - S23C5$$
$$a_y = -S4S5$$
$$a_z = -S23C4S5 + C23C5$$
$$P_x = -S23R4 + C2D3$$
$$P_y = 0$$
$$P_z = C23R4 + S2D3$$

Finalmente los vectores de la matriz U_0 son:

$$s_x = C1(C23(C4C5C6 - S4S6) - S23S5C6) - S1(S4C5C6 + C4S6)$$
$$s_y = S1(C23(C4C5C6 - S4S6) - S23S5C6) + C1(S4C5C6 + C4S6)$$
$$s_z = S23(C4C5C6 - S4S6) + C23S5C6$$
$$n_x = C1(-C23(C4C5S6 + S4C6) + S23S5S6) + S1(S4C5S6 - C4C6)$$
$$n_y = S1(-C23(C4C5S6 + S4C6) + S23S5S6) - C1(S4C5S6 - C4C6)$$
$$n_z = -S23(C4C5S6 + S4C6) - C23S5S6$$
$$a_x = -C1(C23C4S5 + S23C5) + S1S4S5$$
$$a_y = -S1(C23C4S5 + S23C5) - C1S4S5$$
$$a_z = -S23C4S5 + C23C5$$
$$P_x = -C1(S23R4 - C2D3)$$
$$P_y = -S1(S23R4 - C2D3)$$
$$P_z = C23R4 + S2D3$$

Para hallar la matriz ${}^0T_6$ de este ejemplo se puede proceder de dos formas, igualmente equivalentes. O bien se multiplican de izquierda a derecha cada una de las matrices, o bien se lo hace de derecha a izquierda:

f) De izquierda a derecha: Se multiplica primero la matriz ${}^0\boldsymbol{T}_1$ por ${}^1\boldsymbol{T}_2$ para obtener la matriz ${}^0\boldsymbol{T}_2$. Luego se multiplica ésta por ${}^2\boldsymbol{T}_3$ para obtener la matriz ${}^0\boldsymbol{T}_3$, y así sucesivamente.
g) De derecha a izquierda: Se multiplica primero la matriz ${}^4\boldsymbol{T}_5$ por ${}^5\boldsymbol{T}_6$ para obtener la matriz ${}^4\boldsymbol{T}_6$. Luego se multiplica ésta por ${}^3\boldsymbol{T}_4$ para obtener la matriz ${}^3\boldsymbol{T}_6$, y así sucesivamente.

Los dos métodos generan la misma matriz ${}^0T_6$, pero se debe utilizar el segundo método (de derecha a izquierda), ya que los resultados parciales de este procedimiento son utilizados en el cálculo del modelo geométrico inverso, el cual se verá en la sección siguiente.

Ejercicio 2.2:

Hallar el modelo geométrico directo de los robots del Ejercicio 2.1.

2.4 Modelo geométrico inverso

Este modelo provee todas las soluciones posibles del cálculo de las coordenadas articulares, correspondientes a una situación cartesiana determinada. Es decir, para una posición y orientación deseadas del órgano terminal, el modelo geométrico inverso entrega todas las posibles soluciones de las posiciones articulares con el fin de alcanzar esa situación deseada. La dificultad de este modelo estriba en el hecho de que para una posición cartesiana deseada, pueden existir múltiples soluciones para las posiciones articulares. Esto puede observarse en la Figura 2.4, donde la posición deseada marcada con una cruz puede alcanzarse a través de diferentes movimientos de las articulaciones involucradas.

Para hallar el modelo geométrico inverso existen varios métodos (Buchberger, 1987; Raghavan and Roth, 1990; Manocha and Canny, 1992), el más general y conveniente a la mayoría de robots industriales es el método de Paul (1981).

2.4.1 Método de Paul

Dado un robot serial con la matriz de transformación:

$$ {}^{0}\boldsymbol{T}_{n} = {}^{0}\boldsymbol{T}_{1}\,{}^{1}\boldsymbol{T}_{2}\ldots{}^{n\text{-}1}\boldsymbol{T}_{n} \qquad (10) $$

Y sea U_0 la situación deseada, es decir la posición y orientación que se desea tenga el órgano terminal. Esta matriz es por lo tanto perfectamente conocida:

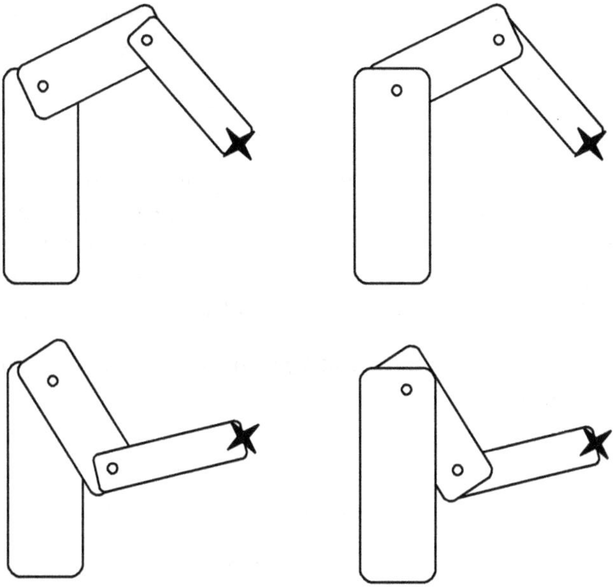

Figura 2.4. Figura 8. Diferentes movimientos realizados para alcanzar una posición deseada.

$$U_0 = \begin{bmatrix} s_x & n_x & a_x & P_x \\ s_y & n_y & a_y & P_y \\ s_z & n_z & a_z & P_z \\ 0 & 0 & 0 & 1 \end{bmatrix} \quad (11)$$

Se busca entonces hallar las posiciones de las articulaciones del robot con el fin de que el órgano terminal se sitúe en U_0.

Por ejemplo para un robot de 6 grados de libertad se procede como sigue:

1) Se multiplica a la izquierda de cada parte de la ecuación (10) por ${}^1T_0$. Con esto se logra eliminar la matriz ${}^0T_1$ en la parte derecha de la ecuación, quedando así:

$$ {}^1T_0 U_0 = {}^1T_2\, {}^2T_3\, {}^3T_4\, {}^4T_5\, {}^5T_6 \quad (12)$$

De esta forma el término de la izquierda estará en función de los elementos de U_0 y de la variable q_1. Se despeja entonces esta variable igualando los términos a la derecha y a la izquierda.

2) Una vez despejada la variable q_1 se multiplica a la izquierda de cada ecuación por ${}^2T_1$, obteniéndose por despeje la variable q_2. Se continúa sucesivamente con las multiplicaciones a la izquierda de cada ecuación hasta que todas las variables hayan sido despejadas.

3) La sucesión completa del cálculo para un robot de seis grados de libertad será:

$$\begin{aligned}
\boldsymbol{U}_0 &= {}^0\boldsymbol{T}_1\,{}^1\boldsymbol{T}_2\,{}^2\boldsymbol{T}_3\,{}^3\boldsymbol{T}_4\,{}^4\boldsymbol{T}_5\,{}^5\boldsymbol{T}_6 \\
{}^1\boldsymbol{T}_0\boldsymbol{U}_0 &= {}^1\boldsymbol{T}_2\,{}^2\boldsymbol{T}_3\,{}^3\boldsymbol{T}_4\,{}^4\boldsymbol{T}_5\,{}^5\boldsymbol{T}_6 \\
{}^2\boldsymbol{T}_1\boldsymbol{U}_1 &= {}^2\boldsymbol{T}_3\,{}^3\boldsymbol{T}_4\,{}^4\boldsymbol{T}_5\,{}^5\boldsymbol{T}_6 \\
{}^3\boldsymbol{T}_2\boldsymbol{U}_2 &= {}^3\boldsymbol{T}_4\,{}^4\boldsymbol{T}_5\,{}^5\boldsymbol{T}_6 \\
{}^4\boldsymbol{T}_3\boldsymbol{U}_3 &= {}^4\boldsymbol{T}_5\,{}^5\boldsymbol{T}_6 \\
{}^5\boldsymbol{T}_4\boldsymbol{U}_4 &= {}^5\boldsymbol{T}_6
\end{aligned} \tag{13}$$

La metodología aconseja que cada vez se comparen solamente los vectores de posición de cada lado de la igualdad, tratando de despejar la variable buscada. Sino es posible despejar, realizar una nueva multiplicación a la izquierda, y así sucesivamente. En caso de quedar variables por encontrar, volver a la primera multiplicación pero esta vez comparar los términos de la matriz de orientación. En cada caso lo que se pretende es, o bien despejar completamente la variable, o bien obtener una ecuación a partir de la cual sea posible el despeje utilizando algún tipo de software especializado como Matlab®, o más fácilmente Maple®.

En los casos particulares donde el robot posee una muñeca tipo rótula (tres articulaciones rotoides con ejes concurrentes), puede utilizarse una estrategia particular para hallar los ángulos de esta muñeca, lo cual simplifica los cálculos. Es decir, ángulos del portador se hallan utilizando el método de Paul, pero los ángulos de la muñeca utilizan una variación de este método, teniendo en cuenta solo la matriz de orientación.

Las particularidades de este caso, para un robot de seis grados de libertad, se muestran a continuación así como en el ejemplo siguiente.

2.4.1.1 Caso especial de una muñeca tipo rótula

Suponiendo un robot de seis grados de libertad con una muñeca tipo rótula, los siguientes valores geométricos se dan:

$$d_5 = r_5 = d_6 = 0$$
$$\sigma_4 = \sigma_5 = \sigma_6 = 0$$
$$S\alpha_5 \neq 0; \; S\alpha_6 \neq 0$$

La posición del centro de la rótula es entonces únicamente función de las variables q_1, q_2 y q_3. Esto significa que si el centro de la rótula permanece en un punto fijo, las articulaciones 4, 5 y 6 pueden moverse en cualquier dirección pero el centro de la rótula no se moverá. Luego la posición del órgano terminal estará dada por la posición del centro de la rótula, esto es: ${}^0P_6 = {}^0P_4$.

La orientación del órgano terminal se definirá entonces como:

$$[\boldsymbol{s} \quad \boldsymbol{n} \quad \boldsymbol{a}] = {}^0\boldsymbol{A}_6(\boldsymbol{q}) \tag{14}$$

Si se multiplica al lado izquierdo de cada término por la matriz ${}^3A_0$ se obtiene:

$$\begin{aligned} {}^3\boldsymbol{A}_0(q_1,q_2,q_3)[\boldsymbol{s} \quad \boldsymbol{n} \quad \boldsymbol{a}] &= {}^3\boldsymbol{A}_6(\theta_4,\theta_5,\theta_6) \\ [\boldsymbol{F} \quad \boldsymbol{G} \quad \boldsymbol{H}] &= {}^3\boldsymbol{A}_6(\theta_4,\theta_5,\theta_6) \end{aligned} \tag{15}$$

Es decir:

$$^{3}\boldsymbol{A}_0(q_1,q_2,q_3)[\boldsymbol{s} \quad \boldsymbol{n} \quad \boldsymbol{a}]=[\boldsymbol{F} \quad \boldsymbol{G} \quad \boldsymbol{H}] \qquad (16)$$

La anterior fórmula introduce los vectores ***F***, ***G*** y ***H***, necesarios para simplificar los cálculos como se verá en el ejemplo siguiente.

<u>Ejemplo 2.4:</u> Modelo geométrico inverso del robot tipo PUMA del Ejemplo 2 1.

Para hallar los valores de las variables articulares se utilizará el método de Paul para las tres primeras (θ_1, θ_2, θ_3), y el caso particular de la muñeca tipo rótula para las tres últimas (θ_4, θ_5, θ_6).

a) Cálculo de θ_1, θ_2, θ_3:

De acuerdo a la metodología de Paul se multiplica a la izquierda de la ecuación del modelo geométrico directo por $^{1}\boldsymbol{T}_0$, como se indicó en (12):

$$^{1}\boldsymbol{T}_0\boldsymbol{U}_0 = {}^{1}\boldsymbol{T}_6$$

La parte izquierda es:

$$U(1)=C1P_x+S1P_y$$
$$U(2)=-S1P_x+C1P_y$$
$$U(3)=P_z$$

La parte derecha está dada por la cuarta columna de $^{1}T_6$ (Ejemplo 2.3):

$$T(1)=-S23R4+C2D3$$
$$T(2)=0$$
$$T(3)=C23R4+S2D3$$

Igualando $U(2)$ con $T(2)$ se encuentran las dos soluciones siguientes para θ_1 :

$$\theta_1 = \text{atan}(P_y, P_x)$$
$$\theta_1' = \theta_1 + 180°$$

La solución θ_1' muestra que una rotación de 180º para este ángulo también puede ser solución del problema (ver Figura 2.1), permitiendo igualmente alcanzar la posición $\boldsymbol{U}_0$ deseada. Esto sucede solo en ciertos ángulos, requiriéndose un análisis cuidadoso para determinar si dicho movimiento adicional también lleva a $\boldsymbol{U}_0$.

Nota: Deben hallarse siempre las soluciones de los ángulos en términos de arco tangente, ya que de esta manera se obtiene una solución global en los cuatro cuadrantes. Esto significa que soluciones de solamente arco seno o arco coseno no deben ser consideradas ya que proveen solo soluciones parciales al problema.

Multiplicando ahora por ${}^2\boldsymbol{T}_1$ se obtiene:

$${}^2\boldsymbol{T}_1\boldsymbol{U}_1 = {}^2\boldsymbol{T}_6$$

La parte izquierda de esta ecuación es:

$$U(1) = C2(C1P_x + S1P_y) + S2P_z$$
$$U(2) = -S2(C1P_x + S1P_y) + C2P_z$$
$$U(3) = S1P_x - C1P_y$$

Los elementos de la derecha representan la cuarta columna de ${}^2\boldsymbol{T}_6$:

$$T(1) = -S3R4 + D3$$
$$T(2) = C3R4$$
$$T(3) = 0$$

Se pueden calcular θ_2 y θ_3 considerando las dos primeras ecuaciones. Para esto se elevan al cuadrado y se suman con el fin de eliminar el ángulo θ_3 y tener una ecuación solo en función de θ_2. El procedimiento es el siguiente:

Se define $B1$ como una constante, ya que θ_1 fue hallado en el punto anterior:

$$B1 = C1P_x + S1P_y$$

Reescribiendo las dos ecuaciones ($U(1)=T(1)$ y $U(2)=T(2)$):

$$\begin{aligned} C2B1 + S2Pz - D3 &= -S3R4 \\ -S2B1 + C2Pz &= C3R4 \end{aligned} \tag{17}$$

Se eleva al cuadrado cada ecuación (hay dos binomios en la primera ecuación) y se suman, con lo cual se cancela θ_3. La ecuación resultante es:

$$XS2 + YC2 = Z$$

Con:

$$\begin{aligned} X &= -2P_zD3 \\ Y &= -2B1D3 \\ Z &= (R4)^2 - (D3)^2 - (PZ)^2 - (B1)^2 \end{aligned}$$

Por medio de Maple® se deduce entonces:

$$C2 = \frac{YZ - \varepsilon X\sqrt{X^2 + Y^2 - Z^2}}{X^2 + Y^2}$$

$$S2 = \frac{YZ + \varepsilon X\sqrt{X^2 + Y^2 - Z^2}}{X^2 + Y^2}; \varepsilon = \pm 1$$

Se obtienen dos soluciones (dependiendo del valor de ε) de la forma:

$$\theta_2 = \operatorname{atan}(S2, C2)$$

A partir de (17) se obtiene θ_3 , despejando $S3$ y $C3$:

$$S3 = \frac{-P_z S2 - B1C2 + D3}{R4}$$

$$C3 = \frac{-B1S2 + P_z C2}{R4}$$

Luego el tercer ángulo es:

$$\theta_3 = \text{atan}(S3, C3)$$

b) Cálculo de θ_4, θ_5, θ_6 :

Se puede continuar con la metodología de Paul (multiplicaciones sucesivas a la izquierda de cada término), o aprovechar las características especiales de la muñeca tipo rótula, vistas anteriormente. En este último caso solo interesan solo las ecuaciones de orientación. Se debe hallar entonces la ecuación (16):

$$^3\boldsymbol{A}_0 \begin{bmatrix} \boldsymbol{s} & \boldsymbol{n} & \boldsymbol{a} \end{bmatrix} = \begin{bmatrix} \boldsymbol{F} & \boldsymbol{G} & \boldsymbol{H} \end{bmatrix}$$

La matriz $^3\boldsymbol{A}_0$ se obtiene a partir de la transpuesta de la matriz de orientación $^0\boldsymbol{A}_3$, que a su vez sale de la matriz $^0\boldsymbol{T}_3$. Esto es:

$$^3\boldsymbol{A}_0 = \begin{bmatrix} C23C1 & C23S1 & S23 \\ -S23C1 & -S23S1 & C23 \\ S1 & -C1 & 0 \end{bmatrix}$$

Luego se tiene:

$$\begin{bmatrix} C23C1 & C23S1 & S23 \\ -S23C1 & -S23S1 & C23 \\ S1 & -C1 & 0 \end{bmatrix} \begin{bmatrix} s_x & n_x & a_x \\ s_y & n_y & a_y \\ s_z & n_z & a_z \end{bmatrix} = \begin{bmatrix} F_x & G_x & H_x \\ F_y & G_y & H_y \\ F_z & G_z & H_z \end{bmatrix}$$

El resultado es una matriz $3x3$, donde la primera columna es igual a:

$$F_x = C23(C1s_x + S1s_y) + S23s_z$$
$$F_y = -S23(C1s_x + S1s_y) + C23s_z$$
$$F_z = S1s_x - C1s_y$$

Las expresiones para las columnas dos y tres son las siguientes:

$$G_x = C23(C1n_x + S1n_y) + S23n_z$$
$$G_y = -S23(C1n_x + S1n_y) + C23n_z$$
$$G_z = S1n_x - C1n_y$$

$$H_x = C23(C1a_x + S1a_y) + S23a_z$$
$$H_y = -S23(C1a_x + S1a_y) + C23a_z$$
$$H_z = S1a_x - C1a_y$$

Nótese que se trata de la misma expresión, solamente cambia el nombre del vector y los elementos de orientación. Una vez hallados los vectores $\boldsymbol{F}$, $\boldsymbol{G}$ y $\boldsymbol{H}$, éstos se igualan a la matriz $^3\boldsymbol{A}_6$ según la ecuación (15):

$$[\boldsymbol{F} \quad \boldsymbol{G} \quad \boldsymbol{H}] = \begin{bmatrix} C6C5C4 - S6S4 & -S6C5C4 - C6S4 & -S5C4 \\ C6S5 & -S6S5 & C5 \\ -C6C5S4 - S6C4 & S6C5S4 - C6C4 & S5S4 \end{bmatrix}$$

Comparando ambos lados de la igualdad se observa que no se obtienen ecuaciones fáciles de resolver. Por tal motivo se multiplica a la izquierda de $[\boldsymbol{F} \quad \boldsymbol{G} \quad \boldsymbol{H}] = {}^3\boldsymbol{A}_6$ por $^4\boldsymbol{A}_3$ para tratar de simplificar la matriz resultante (obsérvese que se multiplica por $^4\boldsymbol{A}_3$ y no por $^5\boldsymbol{A}_3$, ya que sino se obtendría una matriz más compleja de resolver). El resultado es:

$$^{4}\boldsymbol{A}_{3}\left[\boldsymbol{F}\quad \boldsymbol{G}\quad \boldsymbol{H}\right]={}^{4}\boldsymbol{A}_{6}$$

$$\begin{bmatrix} C4 & 0 & -S4 \\ -S4 & 0 & -C4 \\ 0 & 1 & 0 \end{bmatrix}\begin{bmatrix} F_x & G_x & H_x \\ F_y & G_y & H_y \\ F_z & G_z & H_z \end{bmatrix}=\begin{bmatrix} C6C5 & -S6C5 & -S5 \\ S6 & C6 & 0 \\ C6S5 & -S6S5 & C5 \end{bmatrix}$$

$$\begin{bmatrix} C4F_x - S4F_z & C4G_x - S4G_z & C4H_x - S4H_z \\ -S4F_x - C4F_z & -S4G_x - C4G_z & -S4H_x - C4H_z \\ F_y & G_y & H_y \end{bmatrix}$$

$$=\begin{bmatrix} C6C5 & -S6C5 & -S5 \\ S6 & C6 & 0 \\ C6S5 & -S6S5 & C5 \end{bmatrix}$$

A partir de los elementos (2, 3) se obtiene la siguiente ecuación para θ_4 :

$$-S4H_x - C4H_z = 0$$

La cual proporciona dos soluciones:

$$\theta_4 = \text{atan}(H_z, -H_x)$$
$$\theta_4' = \theta_4 + 180^\circ$$

A partir de los elementos (1, 3) y (3, 3) se obtiene la solución para θ_5 :

$$-S5 = C4H_x - S4H_z$$
$$C5 = H_y$$

Obteniéndose por solución:

$$\theta_5 = \text{atan}(S5, C5)$$

Finalmente considerando los elementos (2, 1) y (2, 2) se obtiene la solución para θ_6:

$$S6 = -C4F_z - S4F_x$$
$$C6 = -C4G_z - S4G_x$$

Sistema que tiene por solución:

$$\theta_6 = \text{atan}(S6, C6)$$
$$\theta_6' = \theta_6 + 180^\circ$$

Ejercicio 2.3:

Hallar el modelo geométrico inverso de los robots del Ejercicio 2.1.

3. Modelo cinemático

3.1 Conceptos generales

El modelo cinemático describe las velocidades de las articulaciones del robot en el espacio operacional (cartesiano) en función de las velocidades de estas articulaciones expresadas en el espacio articular. El modelo cinemático directo tiene por expresión:

$$\dot{\boldsymbol{X}} = \boldsymbol{J}(\boldsymbol{q})\dot{\boldsymbol{q}} \tag{18}$$

Donde $\boldsymbol{J}(\boldsymbol{q})$ es la llamada matriz Jacobiana, definida como la derivada parcial entre las posiciones cartesianas y articulares $(\partial X/\partial q)$. La matriz Jacobiana tiene un interés particular en el diseño mecánico, en el análisis de singularidades, y en el diseño de controladores en el espacio operacional.

De otra parte el modelo cinemático inverso se expresa como:

$$\dot{\boldsymbol{q}} = \boldsymbol{J}^{-1}(\boldsymbol{q})\dot{\boldsymbol{X}} \tag{19}$$

La matriz Jacobiana tiene una dimensión de $(6\ x\ n)$, donde n representa el número de grados de libertad del robot. La expresión completa del modelo cinemático directo será:

$$
\begin{bmatrix} \dot{x} \\ \dot{y} \\ \dot{z} \\ \omega_x \\ \omega_y \\ \omega_z \end{bmatrix} = \begin{bmatrix} J \\ (6xn) \end{bmatrix} \begin{bmatrix} \dot{q}_1 \\ \dot{q}_2 \\ \dot{q}_3 \\ . \\ . \\ \dot{q}_n \end{bmatrix} \quad (20)
$$

Obsérvese que el vector $\dot{X}$ se descompone en las velocidades lineales $\dot{x}, \dot{y}, \dot{z}$, y en las velocidades rotacionales $\omega_x, \omega_y, \omega_z$. Dado que la Jacobiana tiene una dimensión de $(6 \ x \ n)$, ella será cuadrada solamente para robots de seis grados de libertad, indicándose con esto que dicho robot puede posicionarse perfectamente en un espacio de tres dimensiones, y puede realizar tres rotaciones en su órgano terminal (alabeo, cabeceo y guiñada).

En robots de menos de seis grados de libertad la matriz Jacobiana no será cuadrada, reflejando el hecho de que algún grado de libertad se pierde, o que alguna rotación no es posible realizar. Como para los análisis siguientes es necesario el carácter invertible de la Jacobiana, las filas o columnas que representan movimientos nulos pueden suprimirse para así lograr una matriz cuadrada e invertible.

3.2 Cálculo de la matriz Jacobiana

Para hallar la matriz Jacobiana de un robot serie se utiliza la fórmula de la Jacobiana de base (Khalil and Dombre, 2002), la cual define la $k^{\text{ésima}}$ columna de ${}^nJ_n$ como:

$$
{}^n\boldsymbol{j}_{n:k} = \begin{bmatrix} \sigma_k \, {}^n\boldsymbol{a}_k + \bar{\sigma}_k(-{}^kP_{ny} \, {}^n\boldsymbol{s}_k + {}^kP_{nx} \, {}^n\boldsymbol{n}_k) \\ \bar{\sigma}_k \, {}^n\boldsymbol{a}_k \end{bmatrix} \quad (21)
$$

Los elementos de la columna ${}^nj_{n:k}$ se calculan a partir de los elementos de la matriz ${}^kT_n$, resultados obtenidos dentro del cálculo del modelo geométrico directo. En la ecuación (21) pueden distinguirse los vectores $\boldsymbol{s}$, $\boldsymbol{n}$, $\boldsymbol{a}$ pertenecientes a la matriz de orientación ${}^{k}\boldsymbol{A}_n$, así como los valores del vector de posición en x e y (${}^{k}P_{nx}$ y ${}^{k}P_{ny}$ respectivamente).

Es de notar que el cálculo de la matriz ${}^{n}\boldsymbol{J}_n$ sirve para hallar la relación entre las velocidades cartesianas y articulares de las articulaciones situadas entre las articulaciones k y n, lo cual puede ser útil desde el punto de vista del diseño mecánico del robot. Más interesante y visto desde el sistema de control, es hallar la matriz ${}^{0}\boldsymbol{J}_n$, es decir la relación de velocidades cartesianas y articulares desde la base hasta el órgano terminal. La $k^{\text{ésima}}$ columna de ${}^{0}\boldsymbol{J}_n$ se escribe:

$$
{}^{0}\boldsymbol{j}_{n:k} = \begin{bmatrix} \sigma_k\, {}^{0}\boldsymbol{a}_k + \bar{\sigma}_k(-{}^{k}P_{ny}\, {}^{0}\boldsymbol{s}_k + {}^{k}P_{nx}\, {}^{0}\boldsymbol{n}_k) \\ \bar{\sigma}_k\, {}^{0}\boldsymbol{a}_k \end{bmatrix} \qquad (22)
$$

En este caso los elementos de la columna k se obtienen a partir de los de la matriz de orientación ${}^{0}\boldsymbol{A}_k$ y del vector de posición ${}^{0}\boldsymbol{P}_n$.

Ejemplo 3.1: Cálculo de la matriz Jacobiana ${}^{0}\boldsymbol{J}_4$ de un robot SCARA.

La tabla de parámetros geométricos del robot SCARA del Ejercicio 2.1, es:

j	σ_j	α_j	d_j	θ_j	r_j
1	0	0	0	θ_1	0
2	0	0	$D2$	θ_2	0
3	0	0	$D3$	θ_3	0
4	1	0	0	0	r_4

Las respectivas matrices de transformación son:

$$ {}^{0}\boldsymbol{T}_1 = \begin{bmatrix} C1 & -S1 & 0 & 0 \\ S1 & C1 & 0 & 0 \\ 0 & 0 & 1 & 0 \\ 0 & 0 & 0 & 1 \end{bmatrix} ; {}^{1}\boldsymbol{T}_2 = \begin{bmatrix} C2 & -S2 & 0 & D2 \\ S2 & C2 & 0 & 0 \\ 0 & 0 & 1 & 0 \\ 0 & 0 & 0 & 1 \end{bmatrix} $$

$$ {}^{2}\boldsymbol{T}_3 = \begin{bmatrix} C3 & -S3 & 0 & D3 \\ S3 & C3 & 0 & 0 \\ 0 & 0 & 1 & 0 \\ 0 & 0 & 0 & 1 \end{bmatrix} ; {}^{3}\boldsymbol{T}_4 = \begin{bmatrix} 1 & 0 & 0 & 0 \\ 0 & 1 & 0 & 0 \\ 0 & 0 & 1 & r_4 \\ 0 & 0 & 0 & 1 \end{bmatrix} $$

Aplicando la fórmula (22), las expresiones para cada una da las columnas de la matriz Jacobiana de base para el robot SCARA son:

Columna 1:	$ {}^{0}\boldsymbol{j}_{4:1} = \begin{bmatrix} -{}^{1}P_{4y}\,{}^{0}\boldsymbol{s}_1 + {}^{1}P_{4x}\,{}^{0}\boldsymbol{n}_1 \\ {}^{0}\boldsymbol{a}_1 \end{bmatrix} $
Columna 2:	$ {}^{0}\boldsymbol{j}_{4:2} = \begin{bmatrix} -{}^{2}P_{4y}\,{}^{0}\boldsymbol{s}_2 + {}^{2}P_{4x}\,{}^{0}\boldsymbol{n}_2 \\ {}^{0}\boldsymbol{a}_2 \end{bmatrix} $
Columna 3:	$ {}^{0}\boldsymbol{j}_{4:3} = \begin{bmatrix} -{}^{3}P_{4y}\,{}^{0}\boldsymbol{s}_3 + {}^{3}P_{4x}\,{}^{0}\boldsymbol{n}_3 \\ {}^{0}\boldsymbol{a}_3 \end{bmatrix} $
Columna 4:	$ {}^{0}\boldsymbol{j}_{4:4} = \begin{bmatrix} {}^{0}\boldsymbol{a}_4 \\ \mathbf{0}^3 \end{bmatrix} $

El primer vector de la primera columna es (se debe hallar previamente el vector ${}^{1}\boldsymbol{P}_4$):

$$ -{}^{1}P_{4y}\,{}^{0}\boldsymbol{s}_1 + {}^{1}P_{4x}\,{}^{0}\boldsymbol{n}_1 = -(D3S2)\begin{bmatrix} C1 \\ S1 \\ 0 \end{bmatrix} + (D3C2 + D2)\begin{bmatrix} -S1 \\ C1 \\ 0 \end{bmatrix} $$

$$ = \begin{bmatrix} -D3S12 - D2S1 \\ D3C12 + D2C1 \\ 0 \end{bmatrix} $$

El segundo vector de la primera columna es:

$$ {}^{0}\boldsymbol{a}_1 = \begin{bmatrix} 0 \\ 0 \\ 1 \end{bmatrix} $$

El primer vector de la segunda columna es (se deben hallar previamente las matrices ${}^{0}\boldsymbol{A}_2$ y el vector ${}^{2}\boldsymbol{P}_4$):

$$ -{}^{2}P_{4y}\,{}^{0}\boldsymbol{s}_2 + {}^{2}P_{4x}\,{}^{0}\boldsymbol{n}_2 = -(0)\begin{bmatrix} C12 \\ S12 \\ 0 \end{bmatrix} + (D3)\begin{bmatrix} -S12 \\ C12 \\ 0 \end{bmatrix} = \begin{bmatrix} -D3S12 \\ D3C12 \\ 0 \end{bmatrix} $$

El segundo vector de la segunda columna es:

$$ {}^{0}\boldsymbol{a}_2 = \begin{bmatrix} 0 \\ 0 \\ 1 \end{bmatrix} $$

El primer vector de la tercera columna es (se debe hallar previamente la matriz ${}^{0}\boldsymbol{A}_3$):

$$ -{}^{3}P_{4y}\,{}^{0}\boldsymbol{s}_3 + {}^{3}P_{4x}\,{}^{0}\boldsymbol{n}_3 = -(0)\begin{bmatrix} C3C12 - S3S12 \\ C3S12 + S3C12 \\ 0 \end{bmatrix} + (0)\begin{bmatrix} -S3C12 - C3S12 \\ -S3S12 + C3C12 \\ 0 \end{bmatrix} $$

$$ = \begin{bmatrix} 0 \\ 0 \\ 0 \end{bmatrix} $$

El segundo vector de la tercera columna es:

$$ {}^{0}\boldsymbol{a}_3 = \begin{bmatrix} 0 \\ 0 \\ 1 \end{bmatrix} $$

El primer vector de la cuarta columna es:

$$^{0}\boldsymbol{a}_4 = \begin{bmatrix} 0 \\ 0 \\ 1 \end{bmatrix}$$

Y el segundo vector de la cuarta columna es:

$$\mathbf{0}^3 = \begin{bmatrix} 0 \\ 0 \\ 0 \end{bmatrix}$$

Luego, la matriz completa $^{0}J_4$ del robot SCARA es:

$$^{0}\boldsymbol{J}_4 = \begin{bmatrix} -D3S12 - D2S1 & -D3S12 & 0 & 0 \\ D3C12 + D2C1 & D3C12 & 0 & 0 \\ 0 & 0 & 0 & 1 \\ 0 & 0 & 0 & 0 \\ 0 & 0 & 0 & 0 \\ 1 & 1 & 1 & 0 \end{bmatrix}$$

Como toda Jacobiana, la matriz anterior tiene una dimensión (6 x 4). Para hacerla cuadrada pueden quitarse las filas que contienen términos nulos (filas 4 y 5), lo que significa que el órgano terminal no puede realizar rotaciones en los ejes x e y. El modelo cinemático directo se expresa entonces por:

$$\begin{bmatrix} \dot{\boldsymbol{x}} \\ \dot{\boldsymbol{y}} \\ \dot{\boldsymbol{z}} \\ \boldsymbol{\omega}_z \end{bmatrix} = \begin{bmatrix} -D3S12 - D2S1 & -D3S12 & 0 & 0 \\ D3C12 + D2C1 & D3C12 & 0 & 0 \\ 0 & 0 & 0 & 1 \\ 1 & 1 & 1 & 0 \end{bmatrix} \begin{bmatrix} \dot{\boldsymbol{q}}_1 \\ \dot{\boldsymbol{q}}_2 \\ \dot{\boldsymbol{q}}_3 \\ \dot{\boldsymbol{q}}_4 \end{bmatrix}$$

Y el modelo cinemático inverso:

$$\begin{bmatrix} \dot{q}_1 \\ \dot{q}_2 \\ \dot{q}_3 \\ \dot{q}_4 \end{bmatrix} = \begin{bmatrix} -D3S12 - D2S1 & -D3S12 & 0 & 0 \\ D3C12 + D2C1 & D3C12 & 0 & 0 \\ 0 & 0 & 0 & 1 \\ 1 & 1 & 1 & 0 \end{bmatrix}^{-1} \begin{bmatrix} \dot{x} \\ \dot{y} \\ \dot{z} \\ \omega_z \end{bmatrix}$$

Nota: Tener en cuenta los siguientes vectores particulares, los cuales pueden ser necesarios en el cálculo de determinadas matrices Jacobianas:

$$^{n}\boldsymbol{s}_n = \begin{bmatrix} 1 \\ 0 \\ 0 \end{bmatrix};\ ^{n}\boldsymbol{n}_n = \begin{bmatrix} 0 \\ 1 \\ 0 \end{bmatrix};\ ^{n}\boldsymbol{a}_n = \begin{bmatrix} 0 \\ 0 \\ 1 \end{bmatrix};\ ^{n}\boldsymbol{P}_n = \begin{bmatrix} 0 \\ 0 \\ 0 \end{bmatrix} \qquad (23)$$

Ejemplo 3.2: Cálculo de las velocidades cartesianas puntuales para un robot SCARA con valores geométricos $D2$ = 0.5 y $D3$ = 0.4.

Si el robot SCARA del ejemplo anterior se encuentra en un momento dado en las posiciones articulares $q_1 = \pi/2$ rads; $q_2 = \pi/4$ rads; $q_3 = \pi/5$ rads y $q_4 = 0.15$ m; y sus velocidades articulares de valor instantáneo son $\dot{q}_1 = \pi/3$ rad/seg; $\dot{q}_2 = \pi/6$ rad/seg; $\dot{q}_3 = \pi/4$ rad/seg y $\dot{q}_4 = 0.3$ m/seg. A partir de la ecuación del modelo cinemático directo del ejemplo anterior se puede calcular el valor instantáneo de sus velocidades cartesianas, así:

$$\begin{bmatrix} \dot{x} \\ \dot{y} \\ \dot{z} \end{bmatrix} = \begin{bmatrix} -D3S12 - D2S1 & -D3S12 & 0 & 0 \\ D3C12 + D2C1 & D3C12 & 0 & 0 \\ 0 & 0 & 0 & 1 \end{bmatrix} \begin{bmatrix} \dot{q}_1 \\ \dot{q}_2 \\ \dot{q}_3 \\ \dot{q}_4 \end{bmatrix}$$

$$\begin{aligned} \dot{x} &= \left(-0.4 * \sin(\pi/2 + \pi/4) - 0.2 * \sin(\pi/2)\right) * (\pi/3) \\ &\quad + (-0.4 * \sin(\pi/2 + \pi/4) * (\pi/6) = -0.6537 \ \text{m/seg} \\ \dot{y} &= \left(0.4 * \cos(\pi/2 + \pi/4) + 0.2 * \cos(\pi/2)\right) * (\pi/3) \\ &\quad + (0.4 * \cos(\pi/2 + \pi/4) * (\pi/6) = -0.4443 \ \text{m/seg} \\ \dot{z} &= 0.3 \ \text{m/seg} \end{aligned}$$

Obsérvese que la velocidad articular de la tercera articulación no influye en ninguna de las velocidades cartesianas ya que representa simplemente la rotación de la tercera articulación, sin proporcionar movimiento en *x*, *y* o *z*. No obstante dicha velocidad está relacionada con la velocidad rotacional $\boldsymbol{\omega}_z$.

Ejercicio 3.1:

Hallar la matriz Jacobiana ${}^0J_n$ de los robots del Ejercicio 2.1.

3.3 Configuraciones singulares

Como se vio en la sección 1.3, las configuraciones singulares ocurren cuando se pierde un grado de libertad en el robot. En este caso son fáciles de detectar. Sin embargo pueden existir determinados movimientos de un robot que hacen que éste pase por una configuración singular, ocasionando el daño del mismo. Estas configuraciones pueden ser clasificadas como:

-Singularidades en los límites del espacio de trabajo: Se presentan cuando el órgano terminal del robot se encuentra en algún punto cercano al límite del espacio de trabajo. En esta situación es claro que el robot no podrá desplazarse en las direcciones que lo alejan de este espacio de trabajo.

-Singularidades en el interior del espacio de trabajo: Ocurren al interior del espacio de trabajo del robot y se producen generalmente por el alineamiento de dos o más ejes de las articulaciones del robot.

Cuando el robot pasa por una configuración singular el determinante de su matriz Jacobiana se anula. Por lo tanto en estas configuraciones no existe Jacobiana inversa. Al anularse el Jacobiano, un incremento infinitesimal en las coordenadas cartesianas supone un incremento infinito en las coordenadas articulares, lo cual conllevará a un daño grave en el robot.

Se debe prestar especial atención a la localización de las configuraciones singulares del robot para que sean tenidas en cuenta al momento de diseñar el controlador, evitándose solicitar a los actuadores movimientos a velocidades inabordables o cambios bruscos en estas velocidades.

Para determinar cuándo puede suceder esto se hace necesario un análisis más detallado de la matriz Jacobiana del robot, como lo muestra el siguiente ejemplo.

Ejemplo 3.3: Determinar si existen configuraciones singulares para un robot SCARA.

Para el robot SCARA del Ejemplo 3.1, la matriz Jacobiana superior es (quitando la columna nula):

$$\boldsymbol{J} = \begin{bmatrix} -D3S12 - D2S1 & -D3S12 & 0 \\ D3C12 + D2C1 & D3C12 & 0 \\ 0 & 0 & 1 \end{bmatrix}$$

El Jacobiano se expresa entonces de la siguiente manera:

$$\begin{aligned} |J| &= \left[(-D3S12 - D2S1)(D3C12) - (-D3S12)(D3C12 + D2C1) \right] \\ &= \left[D2D3(C1S12 - S1C12) \right] \end{aligned}$$

Este Jacobiano será nulo siempre que $q_2 = 0$ ó $q_2 \mp \pi$, lo cual ocurrirá en el límite exterior o interior del espacio de trabajo.

Estas posiciones deben entonces ser tenidas en cuenta en el control, evitándose solicitar a los actuadores movimientos a velocidades inabordables o cambios bruscos de las mismas. La siguiente figura muestra esta situación particular en el seguimiento de una consigna lineal para un robot SCARA.

Puede observarse en la figura que a medida que el ángulo θ_2 disminuye el robot se acerca a una posición a partir de la cual es imposible seguir el movimiento programado.

Entonces ocurre un cambio brusco de los ángulos θ_1 y θ_2 con el fin de ubicar el brazo hacia el otro lado y así continuar con la trayectoria. Pero este cambio abrupto en la posición significa alcanzar velocidades extremadamente altas en las articulaciones del robot.

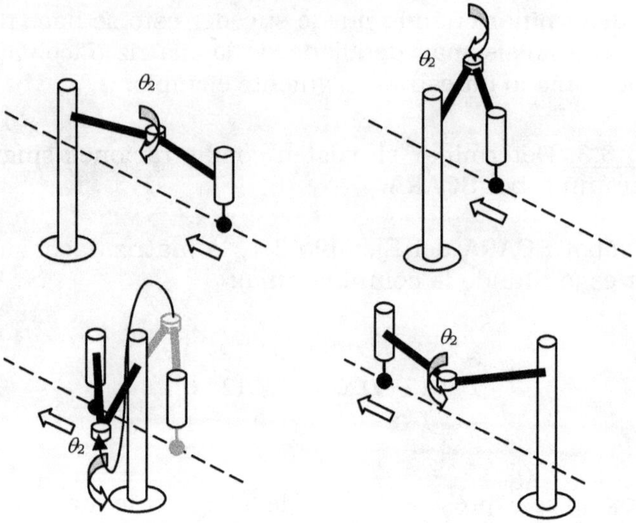

Figura 3.1. Paso por una singularidad de un robot SCARA.

Para evitar esta configuración singular o bien se define la trayectoria a realizar desplazada hacia alguno de los lados con el fin de dar espacio suficiente al robot para realizarla, o bien se realiza la mitad de la trayectoria, se detiene el robot y se lo ubica manualmente del lado contrario antes de continuar con la ejecución de la tarea.

4. MODELO DINÁMICO

4.1 Conceptos generales

El modelo dinámico contiene toda la información (geometría y dinámica) del robot (Khalil and Dombre, 2002; Siciliano and Khatib, 2008). Matemáticamente se define como la relación entre las fuerzas aplicadas a los actuadores ($\boldsymbol{\Gamma}$) y las posiciones, velocidades y aceleraciones articulares. Se expresa así:

$$\boldsymbol{\Gamma}=f(\boldsymbol{q},\dot{\boldsymbol{q}},\ddot{\boldsymbol{q}},\boldsymbol{f}_e) \quad (24)$$

En este caso f_e representa el esfuerzo exterior que ejerce el robot sobre el ambiente, en caso de existir. Esta ecuación representa en particular al modelo dinámico inverso (MDI).

Por su parte el modelo dinámico directo (MDD) expresa las aceleraciones articulares en función de las posiciones, velocidades y fuerzas en las articulaciones, así:

$$\ddot{\boldsymbol{q}}=f(\boldsymbol{q},\dot{\boldsymbol{q}},\boldsymbol{\Gamma},\boldsymbol{f}_e) \quad (25)$$

El modelo dinámico es utilizado para:

- la simulación en computador utilizando un programa como Matlab® (el MDD equivale a la función de transferencia en un sistema de control y permite simular cualquier tipo de robot).
- el dimensionamiento de los actuadores (ya que en simulación se pueden obtener los pares o fuerzas

que van a los motores y de esta manera conocer el tipo de motor necesario).

- la identificación de los parámetros inerciales y de frotamiento del robot (necesarios cuando el sistema de control implementado está basado en el modelo matemático del robot).
- el control (que cuando está basado en el modelo matemático del robot utiliza el modelo dinámico inverso).

Las siguientes notaciones van a ser utilizadas en este capítulo, según Khalil y Dombre (2002), referenciadas a un cuerpo C_j cuyo centro está situado en la posición O_j y su sistema de referencia es R_j :

Tabla 4.1. Notaciones utilizadas para el modelo dinámico.

$\boldsymbol{a}_j$	vector unitario según el eje z_j. Su valor es igual a: ${}^j\boldsymbol{a}_j=[0\ \ 0\ \ 1]^T$
${}^j\boldsymbol{J}_j$	tensor de inercia del cuerpo C_j con relación a la base R_j
$\boldsymbol{MS}_j$	primer momento de inercia del cuerpo C_j alrededor del origen de la base R_j
I_{aj}	momento de inercia del accionador j y de su reductor, sentido por la articulación
M_j	masa del cuerpo C_j
G_j	centro de gravedad del cuerpo C_j
$\boldsymbol{V}_j$	velocidad del punto O_j
$\boldsymbol{\omega}_j$	velocidad de rotación del cuerpo C_j
$\boldsymbol{F}_{sj}$	frotamientos secos de la articulación j
$\boldsymbol{F}_{vj}$	frotamientos viscosos de la articulación j
G	aceleración de la gravedad (9.81 m/s^2)

4.2 Momentos de inercia

La inercia es la propiedad de la materia de resistir a cualquier cambio en su movimiento, ya sea en dirección o velocidad. Existen dos momentos de inercia: el primer momento de inercia, también llamado momento de área o de primer orden, y el segundo momento de inercia o de área, el cual da lugar a la matriz de inercia.

Si se tiene un disco de radio *r* que gira sobre su eje, el primer momento de inercia se obtiene multiplicando el radio por la masa del disco; el segundo momento de inercia se obtiene multiplicando el radio al cuadrado por la masa del disco. Cuando el objeto que gira no es un disco sino un cuerpo más complejo, el radio se cambia por la distancia del centro de masa en tres dimensiones hasta el eje de giro.

El primero momento de inercia para su aplicación en robótica se define como:

$$\begin{aligned} {}^{j}\boldsymbol{MS}_j &= \begin{bmatrix} \int x\,dm & \int y\,dm & \int z\,dm \end{bmatrix}^{\mathrm{T}} \\ &= \begin{bmatrix} \boldsymbol{MX}_j & \boldsymbol{MY}_j & \boldsymbol{MZ}_j \end{bmatrix}^{\mathrm{T}} \end{aligned} \tag{26}$$

El segundo momento de inercia hace referencia a la resistencia en los tres ejes que opone un cuerpo sometido a una rotación. Por su parte el tensor de inercia es un tensor simétrico de segundo orden que caracteriza la inercia rotacional de un sólido rígido. Expresado en una base ortonormal viene dado por una matriz simétrica, dicho tensor se forma a partir de los momentos de inercia según tres ejes perpendiculares y tres productos de inercia. Su fórmula se muestra a continuación:

$$\begin{aligned} {}^{j}\boldsymbol{J}_j &= \begin{bmatrix} \int (y^2+z^2)dm & -\int xy\,dm & -\int xz\,dm \\ -\int xy\,dm & \int (x^2+z^2)dm & -\int yz\,dm \\ -\int xz\,dm & -\int yz\,dm & \int (x^2+y^2)dm \end{bmatrix} \\ &= \begin{bmatrix} XX_j & XY_j & XZ_j \\ XY_j & YY_j & YZ_j \\ XZ_j & YZ_j & ZZ_j \end{bmatrix} \end{aligned} \tag{27}$$

La matriz del tensor de inercia ${}^{j}J_j$ es simétrica, lo cual significa que la diagonal superior y la diagonal inferior son iguales. Por lo tanto se tienen solamente seis términos diferentes en vez de nueve.

Ejemplo 4.1: Determinar el tensor de inercia y el primer momento de inercia del siguiente robot de dos grados de libertad.

Dado del robot de dos grados de libertad que se muestra en la Figura 4.1 se desea calcular numéricamente los valores del tensor de inercia ${}^{j}\boldsymbol{J}_j$ y del primer momento de inercia ${}^{j}\boldsymbol{MS}_j$ para cada una de las articulaciones. Las masas de cada cuerpo son iguales a M_1 = 5 Kg y M_2 = 2 Kg. El punto al interior de cada cuerpo revela la posición del centro de masa.

Se supone que la posición del centro de masa del primer cuerpo está desplazada Z_{1cm} metros del origen del sistema de coordenadas, con Z_{1cm} = 0.15 m. Este centro de masa no tiene ningún desplazamiento en x ni en y respecto a ese mismo origen de coordenadas. Además la rotación se verifica respecto al eje z, que se llamará z_{1g} (z de giro).

De otra parte se supone que el centro de masa del segundo cuerpo tiene desplazamientos en x y en y, respecto al sistema origen de coordenadas, que es el mismo del primer cuerpo, teniendo en cuenta que la z_{2g} de este segundo cuerpo está en la misma dirección que x_1 y x_2. Estos desplazamientos son: X_{2cm} = 0.1 m y Y_{2cm} = 0.03 m.

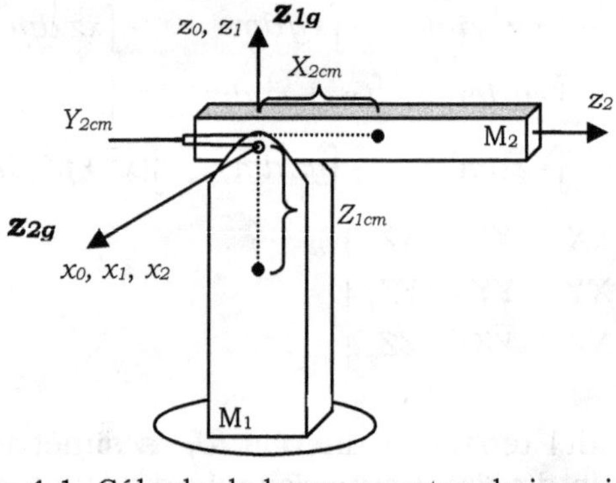

Figura 4.1. Cálculo de los momentos de inercia en un manipulador de dos grados de libertad.

Resumiendo, los valores de las distancias de los centros de masa al origen del sistema de coordenadas son:

$$X_{1cm} = 0$$
$$Y_{1cm} = 0$$
$$Z_{1cm} = 0.15$$
$$X_{2cm} = 0.1$$
$$Y_{2cm} = 0.03$$
$$Z_{2cm} = 0$$

Para hallar el primer momento de inercia (ecuación (26)), se multiplican las masas por las distancias desde el centro de masa al origen de coordenadas, resultando:

$$\begin{aligned} {}^{1}\boldsymbol{MS}_1 &= \begin{bmatrix} M_1 X_{1cm} & M_1 Y_{1cm} & M_1 Z_{1cm} \end{bmatrix}^{\mathrm{T}} \\ &= \begin{bmatrix} 0 & 0 & 0.75 \end{bmatrix}^{\mathrm{T}} \\ {}^{2}\boldsymbol{MS}_2 &= \begin{bmatrix} M_2 X_{2cm} & M_2 Y_{2cm} & M_2 Z_{2cm} \end{bmatrix}^{\mathrm{T}} \\ &= \begin{bmatrix} 0.2 & 0.06 & 0 \end{bmatrix}^{\mathrm{T}} \end{aligned}$$

Finalmente para hallar el tensor de inercia, se multiplica la distancia del centro de masa al origen de coordenadas al cuadrado por la masa del cuerpo, como lo indica la ecuación (27):

$$\begin{aligned} {}^{1}\boldsymbol{J}_1 &= \begin{bmatrix} \int (Y_{1cm}{}^2 + Z_{1cm}{}^2) dm & -\int X_{1cm} Y_{1cm}\, dm & -\int X_{1cm} Z_{1cm}\, dm \\ -\int X_{1cm} Y_{1cm}\, dm & \int (X_{1cm}{}^2 + Z_{1cm}{}^2) dm & -\int Y_{1cm} Z_{1cm}\, dm \\ -\int X_{1cm} Z_{1cm}\, dm & -\int Y_{1cm} Z_{1cm}\, dm & \int (X_{1cm}{}^2 + Y_{1cm}{}^2) dm \end{bmatrix} \\ &= \begin{bmatrix} 0.1125 & 0 & 0 \\ 0 & 0.1125 & 0 \\ 0 & 0 & 0 \end{bmatrix} \end{aligned}$$

$$
{}^{2}\boldsymbol{J}_2 = \begin{bmatrix} \int (Y_{2cm}{}^2 + Z_{2cm}{}^2) dm & -\int X_{2cm} Y_{2cm}\, dm & -\int X_{2cm} Z_{2cm}\, dm \\ -\int X_{2cm} Y_{2cm}\, dm & \int (X_{2cm}{}^2 + Z_{2cm}{}^2) dm & -\int Y_{2cm} Z_{2cm}\, dm \\ -\int X_{2cm} Z_{2cm}\, dm & -\int Y_{2cm} Z_{2cm}\, dm & \int (X_{2cm}{}^2 + Y_{2cm}{}^2) dm \end{bmatrix}
$$

$$
= \begin{bmatrix} 0.0018 & -0.006 & 0 \\ -0.006 & 0.02 & 0 \\ 0 & 0 & 0.0218 \end{bmatrix}
$$

Lógicamente este método es muy aproximado. Para hallar valores más cercanos a la realidad éstos deben calcularse con la ayuda de un software de diseño (por ejemplo SolidEdge®) o mejor aún a partir de un procedimiento de identificación sobre el robot real, teoría que se verá en el capítulo 5.

4.3 Cálculo de los parámetros dinámicos

Los parámetros dinámicos que hacen parte de las ecuaciones dinámicas de un robot serial son once:

- Seis términos del tensor de inercia: XX_j, XY_j, XZ_j, YY_j, YZ_j, ZZ_j.
- Tres términos del primer momento de inercia: MX_j, MY_j, MZ_j.
- Un término para la masa: M_j.
- Un término para la inercia del motor: I_{aj}.

Para expresar el modelo dinámico de un robot existen dos métodos: el método de Lagrange y el método de Newton-Euler. El primero es más fácil de comprender, por lo cual será explicado en este libro; el segundo es más complejo pero más rápido computacionalmente, utilizado normalmente por los paquetes comerciales, por ejemplo SYMORO (Khalil and Creusot, 1997) que calculan el modelo dinámico. Pero los dos conducen al mismo resultado matemático.

4.3.1 Método de Lagrange

Este método describe las ecuaciones del movimiento en términos del trabajo y de la energía del sistema, lo cual se traduce, cuando el esfuerzo sobre el órgano terminal es nulo, por la siguiente ecuación:

$$\boldsymbol{\Gamma}_j = \frac{d}{dt}\frac{\partial \boldsymbol{L}}{\partial \dot{\boldsymbol{q}}_i} - \frac{\partial}{\partial \boldsymbol{q}_i} \qquad (28)$$

Con:

L : Lagrangiano del sistema igual a: $L = E - U$.
E : Energía cinética total del sistema.
U : Energía potencial total del sistema.

La energía cinética se expresa como:

$$\boldsymbol{E} = \frac{1}{2}\dot{\boldsymbol{q}}^T \boldsymbol{A}\dot{\boldsymbol{q}} \qquad (29)$$

donde $\boldsymbol{A}$ es la **matriz de inercia** del robot o matriz de energía cinética. Sus elementos son función de la variable articular q.

La fuerza o cupla total, que es enviada a los motores, puede entonces escribirse con la siguiente ecuación, la cual representa el modelo dinámico inverso:

$$\boldsymbol{\Gamma} = \boldsymbol{A}(q)\ddot{\boldsymbol{q}} + \mathbf{C}(q,\dot{q})\dot{\boldsymbol{q}} + \boldsymbol{Q}(q) \qquad (30)$$

Donde:

$\boldsymbol{A}$: Matriz de inercia.
$\boldsymbol{Q}$: Vector de fuerzas de gravedad.
$\mathbf{C}(q,\dot{q})\dot{\boldsymbol{q}}$: vector que representa las fuerzas de Coriolis (debida a la rotación de la Tierra) y centrífugas (inercia debido a la aceleración centrípeta) tal que:

$$\boldsymbol{C}\dot{\boldsymbol{q}} = \dot{\boldsymbol{A}}\dot{\boldsymbol{q}} - \frac{\partial \boldsymbol{E}}{\partial \boldsymbol{q}} \tag{31}$$

Varias formas pueden utilizarse para hallar la matriz ***C***, por ejemplo utilizando el símbolo de Christoffel $C_{i,jk}$ (Spivak, 1990), el cual calcula estos valores a partir de los elementos de la matriz de inercia ***A*** así:

$$\boldsymbol{C}_{ij} = \sum_{k=1}^{n} \boldsymbol{C}_{i,jk}\,\dot{\boldsymbol{q}}_k = \frac{1}{2}\left[\frac{\partial \boldsymbol{A}_{ij}}{\partial \boldsymbol{q}_k} + \frac{\partial \boldsymbol{A}_{ik}}{\partial \boldsymbol{q}_j} - \frac{\partial \boldsymbol{A}_{jk}}{\partial \boldsymbol{q}_i}\right] \tag{32}$$

Sin embargo, para bajas velocidades articulares del robot esta matriz ***C*** puede despreciarse. En los ejercicios de este libro no se calculará, no obstante es tenida en cuenta en los cálculos que realiza el software SYMORO (Khalil and Creusot, 1997), presentes en algunos ejercicios en la parte práctica al final de este documento.

Por último los elementos del vector ***Q*** son calculados a partir de la energía potencial así:

$$\boldsymbol{Q}_i = \frac{\partial \boldsymbol{U}}{\partial \boldsymbol{q}_j} \tag{33}$$

Los elementos ***A***, ***C*** y ***Q*** son funciones de los parámetros geométricos e inerciales del mecanismo, de ahí la importancia de obtener los valores numéricos más aproximados de los once parámetros dinámicos de cada articulación del robot.

Para calcular ***A***, ***C*** y ***Q***, es necesario inicialmente calcular las energías cinética y potencial de todos los cuerpos del robot. Una vez calculadas estas energías se procede así (Khalil and Dombre, 2002):

h) El elemento A_{ii} (diagonal de la matriz de inercia) es igual al coeficiente de $\left(\dot{\boldsymbol{q}}_i^{\,2}/2\right)$ de la expresión de la energía cinética, y el elemento A_{ij}, si $i \neq j$ (diagonal superior e inferior), es igual al coeficiente de $\dot{\boldsymbol{q}}_i\dot{\boldsymbol{q}}_j$.

j) El cálculo de **C** se hace por medio del símbolo de Christophell (ecuación (32)).
k) El cálculo de ***Q*** se hace con la ecuación (33)(derivada parcial de la energía potencial total respecto a cada articulación).

4.3.1.1 Cálculo de la energía cinética

La energía cinética total está dada por la sumatoria de las energías cinéticas de cada cuerpo, es decir:

$$\boldsymbol{E} = \sum_{j=1}^{n} \boldsymbol{E}_j \qquad (34)$$

$\boldsymbol{E}_j$ es la energía cinética del cuerpo C_j, que se expresa como:

$$\boldsymbol{E}_j = \frac{1}{2}\left[{}^j\boldsymbol{\omega}_j^T \, {}^j\boldsymbol{J}_j \, {}^j\boldsymbol{\omega}_j + M_j \, {}^j\boldsymbol{V}_j^T \, {}^j\boldsymbol{V}_j + 2\, {}^j\boldsymbol{MS}_j^T \left({}^j\boldsymbol{V}_j \times {}^j\boldsymbol{\omega}_j \right) \right] \qquad (35)$$

Donde las velocidades de rotación ${}^j\boldsymbol{\omega}_j$ y de traslación ${}^j\boldsymbol{V}_j$ se calculan con las siguientes ecuaciones:

$${}^j\boldsymbol{\omega}_j = {}^j\boldsymbol{A}_{j-1} \, {}^{j-1}\boldsymbol{\omega}_{j-1} + \overline{\sigma}_j \dot{\boldsymbol{q}}_j \, {}^j\boldsymbol{a}_j \qquad (36)$$

$${}^j\boldsymbol{V}_j = {}^j\boldsymbol{A}_{j-1}\left[{}^{j-1}\boldsymbol{V}_{j-1} + {}^{j-1}\boldsymbol{\omega}_{j-1} \times {}^{j-1}\boldsymbol{P}_j \right] + \sigma_j \dot{\boldsymbol{q}}_j \, {}^j\boldsymbol{a}_j \qquad (37)$$

En las ecuaciones anteriores el término ${}^j\boldsymbol{A}_{j-1}$ se refiere a la matriz de orientación (3x3) obtenida a partir de la correspondiente matriz de transformación ${}^jT_{j-1}$. No confundir entonces con la matriz de inercia $\boldsymbol{A}$.

4.3.1.2 Cálculo de la energía potencial

La fórmula de la energía potencial se define como:

$$\boldsymbol{U}_j = -\left[{}^0\boldsymbol{g}^{\mathrm{T}} \quad 0 \right] {}^0\boldsymbol{T}_j \begin{bmatrix} {}^j\boldsymbol{MS}_j \\ M_j \end{bmatrix} \qquad (38)$$

Donde el vector $\boldsymbol{g}^{T}$ hace referencia a la gravedad y es igual a ${}^{0}\boldsymbol{g}^{T} = [0 \quad 0 \quad G3]$, con G3 = 9.81 m/s^2. Obsérvese que la gravedad se expresa como un vector de cuatro elementos, para hacerlo compatible matemáticamente con la matriz ${}^{0}\boldsymbol{T}_j$.

4.3.1.3 Modelado de los frotamientos

Se consideran dos frotamientos presentes en cada articulación: frotamiento seco y frotamiento viscoso. El frotamiento seco o de Coulomb hace referencia a una fuerza constante opuesta al movimiento, la cual está presente al inicio de éste, donde una fuerza superior al frotamiento seco debe ser aplicada con el fin de mover la articulación. El frotamiento viscoso por su parte hace referencia al frotamiento existente en presencia de movimiento, lo cual significa que debe energizarse constantemente el motor para que no se detenga debido a la presencia de este frotamiento.

La expresión de estos dos frotamientos es:

$$\boldsymbol{\Gamma}_f = \boldsymbol{F}_v \dot{\boldsymbol{q}} + \boldsymbol{F}_s \, \text{sign}(\dot{\boldsymbol{q}}) \tag{39}$$

Por lo tanto, considerando los frotamientos, se llega a una expresión del modelo dinámico inverso más completa que es:

$$\boldsymbol{\Gamma} = \boldsymbol{A}(q)\ddot{\boldsymbol{q}} + \boldsymbol{C}(q,\dot{q})\dot{\boldsymbol{q}} + \boldsymbol{Q}(q) + \boldsymbol{F}_v \dot{\boldsymbol{q}} + \boldsymbol{F}_s \, \text{sign}(\dot{\boldsymbol{q}}) \tag{40}$$

Sin embargo normalmente los frotamientos no son tenidos en cuenta dada la dificultad en identificarlos con cierta precisión. Se considera entonces que los eslabones son rígidos y que no presentan torsión ni ningún otro fenómeno de deformación. Sin tener en cuenta los frotamientos y sin considerar fuerzas de Coriolis y centrífugas (es decir suponer que el robot no se mueve a grandes velocidades), se llega a la expresión más simple con la cual se puede modelar un robot serie, la cual es:

$$\boldsymbol{\Gamma} = \boldsymbol{A}(q)\ddot{\boldsymbol{q}} + \boldsymbol{Q}(q) \tag{41}$$

4.3.1.4 Inercia del accionador

Esta inercia hace referencia a la inercia propia del motor de cada articulación. Se expresa como:

$$I_{aj} = N_j J_{mj} \quad (42)$$

Con:

N_j : relación de reducción del eje *j*.
J_{mj} : momento de inercia del rotor del accionador.

El valor de esta inercia es proporcionado por el fabricante de cada motor, sin embargo es un valor que no tiene en cuenta la carga del motor. Para hallar el valor real, con el motor posicionado en la articulación y por lo tanto con carga, debe realizarse un procedimiento de identificación, el cual se verá en el capítulo 5.

Nota: La ecuación (40) representa la dinámica del manipulador robótico. Sin embargo el robot necesita dispositivos que lo muevan, en este caso motores eléctricos o hidráulicos. Para una definición más completa de la dinámica del robot sería necesario incluir la dinámica de los motores en la ecuación del modelo dinámico inverso. En este libro no se considera el modelo de los actuadores con el fin de simplificar los cálculos, lo cual no influye significativamente en los resultados obtenidos al controlar un robot serie. No obstante el lector podrá consultar más detalles sobre la inclusión del modelo matemático de los motores en la ecuación del modelo dinámico en Lewis, *et al.* (2004) y Spong, *et al.* (2006).

4.4 Determinación de los parámetros de base

Como se vio anteriormente, existen once parámetros que definen la dinámica del robot por cada articulación. Estos parámetros pueden ser hallados por cálculo simple (por medio de un software CAO (por ejemplo SolidEdge®), o por medio de un método experimental de identificación paramétrica (Capítulo 5). El objetivo de cualquiera de estos métodos es hallar los valores numéricos más cercanos a los reales, con el fin de poder realizar la simulación del sistema robot en un software de simulación como Matlab/Simulink®. Sin estos valores numéricos no será posible ejecutar la simulación.

Como son once parámetros por cada articulación, que deben ser hallados numéricamente, la tarea no es fácil. Por ejemplo para un robot de cuatro grados de libertad deben encontrarse 44 parámetros numéricos. Existe sin embargo un juego mínimo de parámetros que describe la dinámica de un robot según consideraciones mecánicas, lo cual hace que puedan reducirse sustancialmente la cantidad de parámetros a encontrar. Este juego mínimo, propuesto por Khalil y Dombre (2002), se llama ***parámetros de base***. Antes de iniciar su cálculo deben definirse dos términos, llamados r_1 y r_2 así:

- r_1: se define como la primera articulación rotoide partiendo de la base.
- r_2: hace referencia a la primera articulación rotoide después de r_1 y de eje z_{r2} no paralelo a z_{r1}.

Los parámetros que no afectan al modelo estarían entre la base y r_2. Estos dos términos pueden verse más claramente en la siguiente configuración supuesta de un robot cualquiera (Figura 4.2): la articulación cuatro es la primera articulación rotoide, por lo tanto será nombrada r_1; la articulación siete es la primera articulación rotoide después de la cuatro cuyo eje no es paralelo a ella, por lo tanto será nombrada r_2.

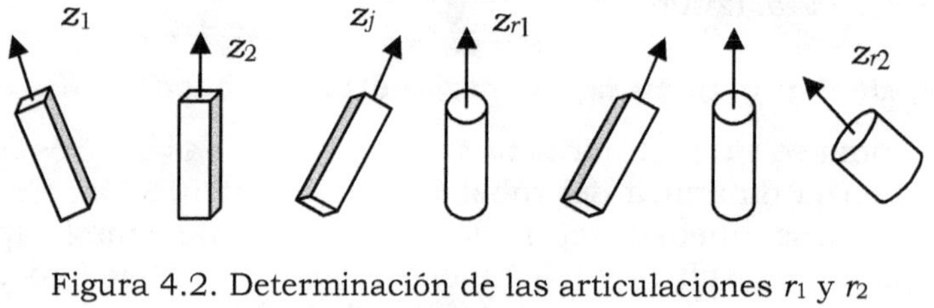

Figura 4.2. Determinación de las articulaciones r_1 y r_2 (Khalil y Dombre, 2002).

El cálculo de los parámetros de base se hace entonces a partir de seis fórmulas que deben revisarse y aplicarse una por una. De la misma manera existen tres fórmulas particulares para reagrupar los parámetros inerciales de los motores. A continuación se verán las fórmulas respectivas.

4.4.1 Cálculo de los parámetros de base

Cálculo de los diez primeros parámetros:

1) Se utilizan las fórmulas:

a) Cuando la articulación j es rotoide, los parámetros YYj, MZj y Mj pueden ser reagrupados según las siguientes fórmulas:

$XXR_j = XX_j - YY_j$

$XXR_{j-1} = XX_{j-1} + YY_j + 2r_jMZ_j + r_j^2M_j$

$XYR_{j-1} = XY_{j-1} + d_jS\ _jMZ_j + d_jr_jS\ _jM_j$

$XZR_{j-1} = XZ_{j-1} - d_jC\ _jMZ_j + d_jr_jC\ _jM_j$

$YYR_{j-1} = YY_{j-1} + CC\ _jYY_j + 2r_jCC\ _jMZ_j + (d_j^2 + r_j^2CC\ _j)M_j$

$YZR_{j-1} = YZ_{j-1} + CS\ _jYY_j + 2r_jCS\ _jMZ_j + r_j^2CS\ _jM_j$

$ZZR_{j-1} = ZZ_{j-1} + SS\ _jYY_j + 2r_jSS\ _jMZ_j + (d_j^2 + r_j^2SS\ _j)M_j$

$MXR_{j-1} = MX_{j-1} + d_jM_j$

$MYR_{j-1} = MY_{j-1} - S\ _jMZ_j - r_jS\ _jM_j$

$MZR_{j-1} = MZ_{j-1} + C\ _jMZ_j + r_jC\ _jM_j$

$MR_{j-1} = M_{j-1} + M_j$

b) Cuando la articulación *j* es prismática, los parámetros de la matriz de inercia del cuerpo *j* se reagrupan con los del cuerpo *j*-1, pudiéndose agrupar los parámetros XX_j, XY_j, XZ_j, YY_j, YZ_j, ZZ_j:

$XXR_{j-1} = XX_{j-1} + CC\theta_jXX_j - 2CS\theta_jXY_j + SS\theta_jYY_j$

$XYR_{j-1} = XY_{j-1} + CS\theta_jC\alpha_jXX_j + (CC\theta_j - SS\theta_j)C\alpha_jXY_j - C\theta_jS\alpha_jXZ_j - CS\theta_jC\alpha_jYY_j + S\theta_jS\alpha_jYZ_j$

$XZR_{j-1} = XZ_{j-1} + CS\theta_jS\alpha_jXX_j + (CC\theta_j - SS\theta_j)S\alpha_jXY_j - C\theta_jC\alpha_jXZ_j - CS\theta_jS\alpha_jYY_j - S\theta_jC\alpha_jYZ_j$

$YYR_{j-1} = YY_{j-1} + SS\theta_jCC\alpha_jXX_j + 2CS\theta_jCC\alpha_jXY_j - 2S\theta_jCS\alpha_jXZ_j - CC\theta_jCC\alpha_jYY_j - 2C\theta_jCS\alpha_jYZ_j + SS\alpha_jZZ_j$

$$YZR_{j-1} = YZ_{j-1} + SS\theta_j CS\alpha_j XX_j + 2CS\theta_j CS\alpha_j XY_j + S\theta_j(CC\alpha_j - SS\alpha_j)XZ_j + CC\theta_j CS\alpha_j YY_j + C\theta_j(CC\alpha_j - SS\alpha_j)YZ_j - CS\alpha_j ZZ_j$$

$$ZZR_{j-1} = ZZ_{j-1} + SS\theta_j SS\alpha_j XX_j + 2CS\theta_j SS\alpha_j XY_j + 2S\theta_j CS\alpha_j XZ_j + CC\theta_j SS\alpha_j YY_j + 2C\theta_j CS\alpha_j YZ_j + CC\alpha_j ZZ_j$$

Con estas dos fórmulas (a y b) se reagrupan:

- YY_j, MZ_j y M_j si $\sigma_j = 0$.
- XX_j, XY_j, XZ_j, YY_j, YZ_j, ZZ_j si $\sigma_j = 1$.

<u>Nota</u>: Obsérvese que cada término que aparece reagrupado incluye a él mismo y a otros más. Cuando no incluye a otros términos no está reagrupado, se le quita entonces la "R" mayúscula que indica la reagrupación.

2) Eliminar MZ_j y reagrupar MX_j y MY_j utilizando la siguiente relación, si j es prismática y a_j paralelo a a_{r1}, para $r_1 < j < r_2$:

$$MXR_{j-1} = MX_{j-1} + C\theta_j MX_j - S\theta_j MY_j$$
$$MYR_{j-1} = MY_{j-1} + S\theta_j C\ _j MX_j + C\theta_j C\ _j MY_j$$
$$MZR_{j-1} = MZ_{j-1} + S\theta_j S\ _j MX_j + C\theta_j S\ _j MY_j$$
$$ZZR_j = ZZ_j + 2d_j C\theta_j MX_j - 2d_j S\theta_j MY_j$$

3) Reagrupar o eliminar uno de los parámetros MX_j, MY_j o MZ_j si j es prismática y si a_j NO es paralela a a_{rj} para $r_1 < j < r_2$, según la siguiente tabla:

${}^{j}a_{zr1}\ \ 0$	$MXR_j = MX_j - ({}^{j}a_{xr1}/{}^{j}a_{zr1})MZ_j$ $MYR_j = MY_j - ({}^{j}a_{yr1}/{}^{j}a_{zr1})MZ_j$
${}^{j}a_{zr1} = 0$; ${}^{j}a_{xr1}\ \ 0$; ${}^{j}a_{yr1}\ \ 0$	$MXR_j = MX_j - ({}^{j}a_{xr1}/{}^{j}a_{yr1})MY_j$
${}^{j}a_{zr1} = 0$; ${}^{j}a_{xr1} = 0$	$MY_j = 0$
${}^{j}a_{zr1} = 0$; ${}^{j}a_{yr1} = 0$	$MX_j = 0$

4) XX_j, XY_j, XZ_j y YZ_j no tienen efecto si $\sigma_j = 0$ para $r_1 \leq j < r_2$ (los ejes de estas articulaciones son paralelos al eje r_1). El término YY_j tampoco tiene efecto pues ya fue eliminado en la etapa 1.

5) Eliminar los parámetros MX_j, MY_j si $\sigma_j = 0$, si $r_1 \leq j < r_2$, si a_j se confunde con a_{r1}, y si a_{r1} es paralelo a a_j y a la gravedad. Es de notar que MZ_j fue eliminada en la etapa 1.

6) Eliminar MXj, MYj, MZj si $\sigma_j = 1$ y $j < r1$.

Cálculo de los parámetros de inercia de los motores:

7) Parámetros del cuerpo C_{r1}:

El parámetro I_{ar1} es reagrupado con ZZ_{r1} así:

$$ZZR_{r1} = ZZ_{r1} + I_{ar1}$$

8) Parámetros del cuerpo C_{r2} cuando z_{r2} es perpendicular a z_{r1} y cuando no existe articulación rotoide entre r_1 y r_2:

El parámetro I_{ar2} se agrupa con ZZ_{r2} así:

$$ZZR_{r2} = ZZ_{r2} + I_{ar2}$$

9) La primera articulación es prismática y su eje es paralelo a la gravedad:

$$MR_1 = M_1 + I_{ar1}$$

<u>Ejemplo 4.2:</u> Calcular los parámetros de base del robot Puma del Ejemplo 2.1.

Obsérvese que para este robot $r_1 = 1$ (articulación 1) y $r_2 = 2$ (articulación 2). Siempre se debe iniciar el cálculo de los parámetros de base a partir de la última articulación, así:

Cuerpo 6:

$XXR_6 = XX_6 - YY_6$
$XXR_5 = XX_5 + YY_6$
$ZZR_5 = ZZ_5 + YY_6$
$MYR_5 = MY_5 + MZ_6$
$MR_5 = M_5 + M_6$

Parámetros mínimos (es decir, parámetros que finalmente quedan activos para esta articulación): XXR_6, XY_6, XZ_6, YZ_6, ZZ_6, MX_6, MY_6.

Cuerpo 5:

$XXR_5 = XX_5 - YY_5 = (XX_5 + YY_6) - YY_5$
$XXR_4 = XX_4 + YY_5$
$ZZR_4 = ZZ_4 + YY_5$
$MYR_4 = MY_4 - MZ_5$
$MR_4 = M_4 + MR_5 = M_4 + M_5 + M_6$

Parámetros mínimos: XXR_5, XY_5, XZ_5, YZ_5, ZZR_5, MX_5, MYR_5.

Nota: Para el cálculo de XXR_5 se tiene en cuenta el resultado obtenido para este parámetro en el cuerpo 6.

Cuerpo 4:

$XXR_4 = XX_4 + YY_5 - YY_4$
$XXR_3 = XX_3 + YY_4 + 2RL4MZ_4 + RL4^2(M_4 + M_5 + M_6)$
$ZZR_3 = ZZ_3 + YY_4 + 2RL4MZ_4 + RL4^2(M_4 + M_5 + M_6)$
$MYR_3 = MY_3 + MZ_4 + RL4(M_4 + M_5 + M_6)$
$MR_3 = M_3 + M_4 + M_5 + M_6$
Parámetros mínimos: XXR_4, XY_4, XZ_4, YZ_4, ZZR_4, MX_4, MYR_4.

Cuerpo 3:

$XXR_3 = XX_3 + YY_4 + 2RL4MZ_4 + RL4^2(M_4 + M_5 + M_6) - YY_3$
$XXR_2 = XX_2 + YY_3$
$XZR_2 = XZ_2 - D3MZ_3$
$YYR_2 = YY_2 + D3^2(M_3 + M_4 + M_5 + M_6) + YY_3$
$ZZR_2 = ZZ_2 + D3^2(M_3 + M_4 + M_5 + M_6)$
$MXR_2 = MX_2 + D3(M_3 + M_4 + M_5 + M_6)$
$MZR_2 = MZ_2 + MZ_3$
$MR2 = M_2 + M_3 + M_4 + M_5 + M_6$

Parámetros mínimos: XXR_3, XY_3, XZ_3, YZ_3, ZZR_3, MX_3, MYR_3.

Cuerpo 2:

$XXR_2 = XX_2 - YY_2 - D3^2(M_3 + M_4 + M_5 + M_6)$
$ZZR_1 = ZZ_1 + YY_2 + D3^2(M_3 + M_4 + M_5 + M_6) + YY_3$

Parámetros mínimos: XXR_2, XY_2, XZR_2, YZ_2, ZZR_2, MXR_2, MY_2.

Cuerpo 1:

El único parámetro no nulo es ZZR_1.

Inercias:
I_{a1} se reagrupa con ZZ_1.
I_{a2} se reagrupa con ZZ_2.
Las fórmulas finales de los parámetros que no son nulos se muestran a continuación:

$ZZR_1 = ZZ_1 + YY_2 + D3^2(M_3 + M_4 + M_5 + M_6) + YY_3$
$XXR_2 = XX_2 - YY_2 - D3^2(M_3 + M_4 + M_5 + M_6)$
$XZR_2 = XZ_2 - D3MZ_3$
$ZZR_2 = ZZ_2 + D3^2(M_3 + M_4 + M_5 + M_6)$
$MXR_2 = MX_2 + D3(M_3 + M_4 + M_5 + M_6)$
$XXR_3 = XX_3 + YY_4 + 2RL4MZ_4 + RL4^2(M_4 + M_5 + M_6)$
$ZZR_3 = ZZ_3 + YY_4 + 2RL4MZ_4 + RL4^2(M_4 + M_5 + M_6)$
$MYR_3 = MY_3 + MZ_4 + RL4(M_4 + M_5 + M_6)$
$XXR_4 = XX_4 + YY_5 - YY_4$

$ZZR_4 = ZZ_4 + YY_5$
$MYR_4 = MY_4 - MZ_5$
$XXR_5 = XX_5 + YY_6$
$ZZR_5 = ZZ_5 + YY_6$
$MYR_5 = MY_5 + MZ_6$
$XXR_6 = XX_6 - YY_6$

La tabla de parámetros dinámicos de base es:

j	XX_j	XY_j	XZ_j	YY_j	YZ_j	ZZ_j
1	0	0	0	0	0	ZZR_1
2	XXR_2	XY_2	XZR_2	0	YZ_2	ZZR_2
3	XXR_3	XY_3	XZ_3	0	YZ_3	ZZR_3
4	XXR_4	XY_4	XZ_4	0	YZ_4	ZZR_4
5	XXR_5	XY_5	XZ_5	0	YZ_5	ZZR_5
6	XXR_6	XY_6	XZ_6	0	YZ_6	ZZ_6

j	MX_j	MY_j	MZ_j	M_j	I_{aj}
1	0	0	0	0	0
2	MXR_2	MY_2	0	0	0
3	MX_3	MYR_3	0	0	I_{a3}
4	MX_4	MYR_4	0	0	I_{a4}
5	MX_5	MYR_5	0	0	I_{a5}
6	MX_6	MY_6	0	0	I_{a6}

Si se supone que la distribución de masas de cada cuerpo es simétrica respecto al sistema base de coordenadas de cada articulación, los términos del tensor de inercia ${}^{j}\boldsymbol{J}_j$ fuera de la diagonal son iguales a cero, lo cual simplifica los cálculos. Haciendo un análisis similar al mostrado en el Ejemplo 4.1 se llega a las siguientes simplificaciones adicionales:

$${}^{1}\boldsymbol{MS}_1 = [0 \quad 0 \quad MZ_1]^T$$

$${}^{2}\boldsymbol{MS}_2 = [MX_2 \quad MY_2 \quad 0]^T$$

$${}^{3}\boldsymbol{MS}_3 = [0 \quad MY_3 \quad 0]^T$$

$${}^{4}\boldsymbol{MS}_4 = [0 \quad 0 \quad MZ_4]^T$$

$$^{5}\boldsymbol{MS}_5 = [0 \quad MY_5 \quad 0]^T$$

$$^{6}\boldsymbol{MS}_6 = [0 \quad 0 \quad MZ_6]^T$$

Se obtiene entonces la tabla completa de parámetros de base:

j	XX_j	XY_j	XZ_j	YY_j	YZ_j	ZZ_j
1	0	0	0	0	0	ZZR_1
2	XXR_2	0	0	0	0	ZZR_2
3	XXR_3	0	0	0	0	ZZR_3
4	XXR_4	0	0	0	0	ZZR_4
5	XXR_5	0	0	0	0	ZZR_5
6	XXR_6	0	0	0	0	ZZ_6

j	MX_j	MY_j	MZ_j	M_j	I_{aj}
1	0	0	0	0	0
2	MXR_2	MY_2	0	0	0
3	0	MYR_3	0	0	I_{a3}
4	0	0	0	0	I_{a4}
5	0	MYR_5	0	0	I_{a5}
6	0	0	0	0	I_{a6}

Obsérvese que en vez de tener 66 parámetros que definen la dinámica de este robot, con la aplicación de las fórmulas de los parámetros de base y teniendo en cuenta las consideraciones adicionales se obtienen solamente 19.

Ejercicio 4.1:

Hallar los parámetros de base de los robots del Ejercicio 2.1.

Ejemplo 4.3: Encontrar los elementos de las matrices $\boldsymbol{A}$ y $\boldsymbol{Q}$ del modelo dinámico inverso de un robot de 3 grados de libertad, con la misma estructura que el robot PUMA del Ejemplo 2.1.

Según la tabla de parámetros de base hallada anteriormente (Ejemplo 4.2.), las matrices del tensor de inercia y del primer momento de inercia pueden organizarse así:

$$ {}^1\boldsymbol{J}_1 = \begin{bmatrix} 0 & 0 & 0 \\ 0 & 0 & 0 \\ 0 & 0 & ZZR1 \end{bmatrix}; {}^2\boldsymbol{J}_2 = \begin{bmatrix} XXR2 & 0 & 0 \\ 0 & 0 & 0 \\ 0 & 0 & ZZR2 \end{bmatrix}; $$

$$ {}^3\boldsymbol{J}_3 = \begin{bmatrix} XXR3 & 0 & 0 \\ 0 & 0 & 0 \\ 0 & 0 & ZZR3 \end{bmatrix}; \boldsymbol{I}_a = \begin{bmatrix} 0 & 0 & 0 \\ 0 & 0 & 0 \\ 0 & 0 & IA3 \end{bmatrix}; $$

$$ {}^1\boldsymbol{MS}_1 = \begin{bmatrix} 0 \\ 0 \\ 0 \end{bmatrix}; {}^2\boldsymbol{MS}_2 = \begin{bmatrix} MXR2 \\ MY2 \\ 0 \end{bmatrix}; {}^3\boldsymbol{MS}_3 = \begin{bmatrix} 0 \\ MYR3 \\ 0 \end{bmatrix} $$

a) Cálculo de las velocidades de rotación según la ecuación (36):

Recordando que: ${}^j\boldsymbol{a}_j = [0 \quad 0 \quad 1]^T$

$$ {}^0\boldsymbol{\omega}_0 = 0 $$

$$ {}^1\boldsymbol{\omega}_1 = {}^1\boldsymbol{A}_0 \, {}^0\boldsymbol{\omega}_0 + \dot{\boldsymbol{q}}_1 \, {}^1\boldsymbol{a}_1 = [0 \quad 0 \quad \dot{\boldsymbol{q}}_1]^T $$

$$ {}^2\boldsymbol{\omega}_2 = {}^2\boldsymbol{A}_1 \, {}^1\boldsymbol{\omega}_1 + \dot{\boldsymbol{q}}_2 \, {}^2\boldsymbol{a}_2 = \begin{bmatrix} C2 & 0 & S2 \\ -S2 & 0 & C2 \\ 0 & -1 & 0 \end{bmatrix} \begin{bmatrix} 0 \\ 0 \\ \dot{\boldsymbol{q}}_1 \end{bmatrix} + \begin{bmatrix} 0 \\ 0 \\ \dot{\boldsymbol{q}}_2 \end{bmatrix} = \begin{bmatrix} S2\dot{\boldsymbol{q}}_1 \\ C2\dot{\boldsymbol{q}}_1 \\ \dot{\boldsymbol{q}}_2 \end{bmatrix} $$

$$ {}^3\boldsymbol{\omega}_3 = {}^3\boldsymbol{A}_2 \, {}^2\boldsymbol{\omega}_2 + \dot{\boldsymbol{q}}_3 \, {}^3\boldsymbol{a}_3 = \begin{bmatrix} C3 & S3 & 0 \\ -S3 & C3 & 0 \\ 0 & 0 & 1 \end{bmatrix} \begin{bmatrix} S2\dot{\boldsymbol{q}}_1 \\ C2\dot{\boldsymbol{q}}_1 \\ \dot{\boldsymbol{q}}_2 \end{bmatrix} + \begin{bmatrix} 0 \\ 0 \\ \dot{\boldsymbol{q}}_3 \end{bmatrix} = \begin{bmatrix} S23\dot{\boldsymbol{q}}_1 \\ C23\dot{\boldsymbol{q}}_1 \\ \dot{\boldsymbol{q}}_2 + \dot{\boldsymbol{q}}_3 \end{bmatrix} $$

b) Cálculo de las velocidades de translación según la ecuación (37):

$$ {}^0\boldsymbol{V}_0 = 0 $$

$$
\begin{aligned}
{}^{1}\boldsymbol{V}_1 &= {}^{1}\boldsymbol{A}_0\left[{}^{0}\boldsymbol{V}_0 + {}^{0}\boldsymbol{\omega}_0 \times {}^{0}\boldsymbol{P}_1\right] = 0\\
{}^{2}\boldsymbol{V}_2 &= {}^{2}\boldsymbol{A}_1\left[{}^{1}\boldsymbol{V}_1 + {}^{1}\boldsymbol{\omega}_1 \times {}^{1}\boldsymbol{P}_2\right] = 0\\
{}^{3}\boldsymbol{V}_3 &= {}^{3}\boldsymbol{A}_2\left[{}^{2}\boldsymbol{V}_2 + {}^{2}\boldsymbol{\omega}_2 \times {}^{2}\boldsymbol{P}_3\right]
\end{aligned}
$$

Dado que: ${}^{2}\boldsymbol{\omega}_2 \times {}^{2}\boldsymbol{P}_3 = \begin{bmatrix} 0 & D3\dot{\boldsymbol{q}}_2 & -D3C2\dot{\boldsymbol{q}}_1 \end{bmatrix}^{\mathrm{T}}$

Entonces:

$$
{}^{3}\boldsymbol{V}_3 = {}^{3}\boldsymbol{A}_2\left[{}^{2}\boldsymbol{V}_2 + {}^{2}\boldsymbol{\omega}_2 \times {}^{2}\boldsymbol{P}_3\right] = \begin{bmatrix} D3S3\dot{\boldsymbol{q}}_2 & D3C3\dot{\boldsymbol{q}}_2 & -D3C2\dot{\boldsymbol{q}}_1 \end{bmatrix}^{\mathrm{T}}
$$

c) Cálculo de los elementos de la matriz de inercia $\boldsymbol{A}$, utilizando la ecuación de la energía cinética (35):

Energía cinética del cuerpo 1:

$$
E_1 = \frac{1}{2}\left[{}^{1}\boldsymbol{\omega}_1^{\mathrm{T}}\,{}^{1}\boldsymbol{J}_1\,{}^{1}\boldsymbol{\omega}_1 + M_1\,{}^{1}\boldsymbol{V}_1^{\mathrm{T}}\,{}^{1}\boldsymbol{V}_1 + 2\,{}^{1}\boldsymbol{MS}_1^{\mathrm{T}}\left({}^{1}\boldsymbol{V}_1 \times {}^{1}\boldsymbol{\omega}_1\right)\right]
$$

Dado que $M_1 = 0$ y ${}^{1}\boldsymbol{MS}_1 = \begin{bmatrix} 0 & 0 & 0 \end{bmatrix}^{\mathrm{T}}$, el término de la energía cinética para la primera articulación queda resumido a:

$$
E_1 = \frac{1}{2}\left[{}^{1}\boldsymbol{\omega}_1^{\mathrm{T}}\,{}^{1}\boldsymbol{J}_1\,{}^{1}\boldsymbol{\omega}_1\right] = \frac{1}{2}\left[\begin{bmatrix} 0 & 0 & \dot{\boldsymbol{q}}_1 \end{bmatrix}\begin{bmatrix} 0 & 0 & 0\\ 0 & 0 & 0\\ 0 & 0 & \mathrm{ZZR1} \end{bmatrix}\begin{bmatrix} 0\\ 0\\ \dot{\boldsymbol{q}}_1 \end{bmatrix}\right]
$$

$$
= \frac{1}{2}\mathrm{ZZR1}\,\dot{\boldsymbol{q}}_1^{2}
$$

Energía cinética del cuerpo 2:

$$
E_2 = \frac{1}{2}\left[{}^{2}\boldsymbol{\omega}_2^{\mathrm{T}}\,{}^{2}\boldsymbol{J}_2\,{}^{2}\boldsymbol{\omega}_2 + M_2\,{}^{2}\boldsymbol{V}_2^{\mathrm{T}}\,{}^{2}\boldsymbol{V}_2 + 2\,{}^{2}\boldsymbol{MS}_2^{\mathrm{T}}\left({}^{2}\boldsymbol{V}_2 \times {}^{2}\boldsymbol{\omega}_2\right)\right]
$$

Dado que $M_2 = 0$ y ${}^{2}V_2 = 0$, el término de la energía cinética para la segunda articulación queda resumido a:

$$E_2 = \frac{1}{2}\left[{}^2\boldsymbol{\omega}_2^{\mathrm{T}}\, {}^2\boldsymbol{J}_2\, {}^2\boldsymbol{\omega}_2 \right]$$

$$= \frac{1}{2}\left[\begin{bmatrix} S2\dot{\boldsymbol{q}}_1 & C2\dot{\boldsymbol{q}}_1 & \dot{\boldsymbol{q}}_2 \end{bmatrix} \begin{bmatrix} \mathrm{XXR2} & 0 & 0 \\ 0 & 0 & 0 \\ 0 & 0 & \mathrm{ZZR2} \end{bmatrix} \begin{bmatrix} S2\dot{\boldsymbol{q}}_1 \\ C2\dot{\boldsymbol{q}}_1 \\ \dot{\boldsymbol{q}}_2 \end{bmatrix} \right]$$

$$= \frac{1}{2}\mathrm{XXR2}S2^2\,\dot{\boldsymbol{q}}_1^{\,2} + \frac{1}{2}\mathrm{ZZR2}\,\dot{\boldsymbol{q}}_2^{\,2}$$

Energía cinética del cuerpo 3:

$$E_3 = \frac{1}{2}\left[{}^3\boldsymbol{\omega}_3^{\mathrm{T}}\, {}^3\boldsymbol{J}_3\, {}^3\boldsymbol{\omega}_3 + M_3\, {}^3\boldsymbol{V}_3^{\mathrm{T}}\, {}^3\boldsymbol{V}_3 + 2\, {}^3\boldsymbol{MS}_3^{\mathrm{T}} \left({}^3\boldsymbol{V}_3 \times {}^3\boldsymbol{\omega}_3 \right) \right]$$

Dado que $M_3 = 0$, el término de la energía cinética para la tercera articulación queda resumido a:

$$E_3 = \frac{1}{2}\left[{}^3\boldsymbol{\omega}_3^{\mathrm{T}}\, {}^3\boldsymbol{J}_3\, {}^3\boldsymbol{\omega}_3 + 2\, {}^3\boldsymbol{MS}_3^{\mathrm{T}} \left({}^3\boldsymbol{V}_3 \times {}^3\boldsymbol{\omega}_3 \right) \right]$$

Donde:

$${}^3\boldsymbol{\omega}_3^{\mathrm{T}}\, {}^3\boldsymbol{J}_3\, {}^3\boldsymbol{\omega}_3 =$$

$$\begin{bmatrix} S23\dot{\boldsymbol{q}}_1 & C23\dot{\boldsymbol{q}}_1 & \dot{\boldsymbol{q}}_2 + \dot{\boldsymbol{q}}_3 \end{bmatrix} \begin{bmatrix} \mathrm{XXR3} & 0 & 0 \\ 0 & 0 & 0 \\ 0 & 0 & \mathrm{ZZR3} \end{bmatrix} \begin{bmatrix} S23\dot{\boldsymbol{q}}_1 \\ C23\dot{\boldsymbol{q}}_1 \\ \dot{\boldsymbol{q}}_2 + \dot{\boldsymbol{q}}_3 \end{bmatrix}$$

$$= \mathrm{XXR3}S23^2\,\dot{\boldsymbol{q}}_1^{\,2} + \mathrm{ZZR3}\dot{\boldsymbol{q}}_2^{\,2} + 2\mathrm{ZZR3}\dot{\boldsymbol{q}}_2\dot{\boldsymbol{q}}_3 + \mathrm{ZZR3}\dot{\boldsymbol{q}}_3^{\,2}$$

$${}^3\boldsymbol{V}_3 \times {}^3\boldsymbol{\omega}_3 = \begin{bmatrix} D3S3\dot{\boldsymbol{q}}_2 \\ D3C3\dot{\boldsymbol{q}}_2 \\ -D3C2\dot{\boldsymbol{q}}_1 \end{bmatrix} \times \begin{bmatrix} S23\dot{\boldsymbol{q}}_1 \\ C23\dot{\boldsymbol{q}}_1 \\ \dot{\boldsymbol{q}}_2 + \dot{\boldsymbol{q}}_3 \end{bmatrix}$$

$$= \begin{bmatrix} D3C3\dot{\boldsymbol{q}}_2^{\,2} + D3C3\dot{\boldsymbol{q}}_2\dot{\boldsymbol{q}}_3 + D3C2C23\dot{\boldsymbol{q}}_1^{\,2} \\ -D3C2S23\dot{\boldsymbol{q}}_1^{\,2} - D3S3\dot{\boldsymbol{q}}_2^{\,2} - D3S3\dot{\boldsymbol{q}}_2\dot{\boldsymbol{q}}_3 \\ D3S3C23\dot{\boldsymbol{q}}_1\dot{\boldsymbol{q}}_2 - D3C3S23\dot{\boldsymbol{q}}_1\dot{\boldsymbol{q}}_2 \end{bmatrix}$$

$$2\,{}^{3}\boldsymbol{MS}_3^{\mathrm{T}}\left({}^{3}\boldsymbol{V}_3 \times {}^{3}\boldsymbol{\omega}_3\right)=$$

$$2\begin{bmatrix}0 & \mathrm{MYR3} & 0\end{bmatrix}\begin{bmatrix} D3C3\dot{\boldsymbol{q}}_2^{\,2}+D3C3\dot{\boldsymbol{q}}_2\dot{\boldsymbol{q}}_3+D3C2C23\dot{\boldsymbol{q}}_1^{\,2} \\ -D3C2S23\dot{\boldsymbol{q}}_1^{\,2}-D3S3\dot{\boldsymbol{q}}_2^{\,2}-D3S3\dot{\boldsymbol{q}}_2\dot{\boldsymbol{q}}_3 \\ D3S3C23\dot{\boldsymbol{q}}_1\dot{\boldsymbol{q}}_2-D3C3S23\dot{\boldsymbol{q}}_1\dot{\boldsymbol{q}}_2 \end{bmatrix}$$

$$=-\,2\mathrm{MYR3}D3C2S23\dot{\boldsymbol{q}}_1^{\,2}-2\mathrm{MYR3}D3S3\dot{\boldsymbol{q}}_2^{\,2}-2\mathrm{MYR3}D3S3\dot{\boldsymbol{q}}_2\dot{\boldsymbol{q}}_3$$

Luego, la energía cinética del tercer cuerpo es:

$$E_3=\frac{1}{2}\begin{bmatrix} \mathrm{XXR3}S23^2\dot{\boldsymbol{q}}_1^{\,2}+\mathrm{ZZR3}\dot{\boldsymbol{q}}_2^{\,2}+2\mathrm{ZZR3}\dot{\boldsymbol{q}}_2\dot{\boldsymbol{q}}_3+\mathrm{ZZR3}\dot{\boldsymbol{q}}_3^{\,2} \\ -2\mathrm{MYR3}D3C2S23\dot{\boldsymbol{q}}_1^{\,2}-2\mathrm{MYR3}D3S3\dot{\boldsymbol{q}}_2^{\,2} \\ -2\mathrm{MYR3}D3S3\dot{\boldsymbol{q}}_2\dot{\boldsymbol{q}}_3 \end{bmatrix}$$

Una vez obtenidas las expresiones de las tres energías cinéticas se procede a armar la matriz de inercia, como se vio en la sección 4.3.1:

$$A_{11}=\mathrm{ZZR1}+\mathrm{XXR2}S2^2+\mathrm{XXR3}S23^2-2\mathrm{MYR3}D3C2S23$$
$$A_{22}=\mathrm{ZZR2}+\mathrm{ZZR3}-2\mathrm{MYR3}D3S3$$
$$A_{33}=\mathrm{ZZR3}+IA3$$
$$A_{12}=A_{21}=0$$
$$A_{13}=A_{31}=0$$
$$A_{23}=\mathrm{ZZR3}-\mathrm{MYR3}D3S3$$

Nótese que el valor de la inercia del accionador $IA3$ es adicionada al término A_{33}. Si existiesen por ejemplo las inercias $IA1$ y $IA2$, deberían ser adicionadas a los términos A_{22} y A_{33} respectivamente.

d) Cálculo del vector de gravedad utilizando la ecuación (38):

Recordar que: ${}^{0}\boldsymbol{g}^{\mathrm{T}}=\begin{bmatrix}0 & 0 & \mathrm{G3}\end{bmatrix}$

Energía potencial del cuerpo 1:

$$\boldsymbol{U}_1 = -\begin{bmatrix} {}^0\boldsymbol{g}^{\mathrm{T}} & 0 \end{bmatrix} {}^0\boldsymbol{T}_1 \begin{bmatrix} {}^1\boldsymbol{MS}_1 \\ \mathrm{M}_1 \end{bmatrix} = -\begin{bmatrix} {}^0\boldsymbol{g}^{\mathrm{T}} & 0 \end{bmatrix} {}^0\boldsymbol{T}_1 \begin{bmatrix} 0 \\ 0 \\ 0 \\ 0 \end{bmatrix} = 0$$

Energía potencial del cuerpo 2:

$$U_2 = -\begin{bmatrix} {}^0\boldsymbol{g}^{\mathrm{T}} & 0 \end{bmatrix} {}^0\boldsymbol{T}_2 \begin{bmatrix} {}^2\boldsymbol{MS}_2 \\ \mathrm{M}_2 \end{bmatrix}$$

$$= -\begin{bmatrix} {}^0\boldsymbol{g}^{\mathrm{T}} & 0 \end{bmatrix} \begin{bmatrix} C1C2 & -C1S2 & S1 & 0 \\ S1C2 & -S1S2 & -C1 & 0 \\ S2 & C2 & 0 & 0 \\ 0 & 0 & 0 & 1 \end{bmatrix} \begin{bmatrix} \mathrm{MXR2} \\ \mathrm{MY2} \\ 0 \\ 0 \end{bmatrix}$$

$$= -\begin{bmatrix} 0 & 0 & \mathrm{G3} & 0 \end{bmatrix} \begin{bmatrix} \mathrm{MXR2}C1C2 - \mathrm{MY2}C1S2 \\ \mathrm{MXR2}S1C2 - \mathrm{MY2}S1S2 \\ \mathrm{MXR2}S2 + \mathrm{MY2}C2 \\ 0 \end{bmatrix}$$

$$= -\mathrm{G3MXR2}S2 - \mathrm{G3MY2}C2$$

Energía potencial del cuerpo 3:

$$U_3 = -\begin{bmatrix} {}^0\boldsymbol{g}^{\mathrm{T}} & 0 \end{bmatrix} {}^0\boldsymbol{T}_3 \begin{bmatrix} {}^3\boldsymbol{MS}_3 \\ \mathrm{M}_3 \end{bmatrix}$$

$$= -\begin{bmatrix} {}^0\boldsymbol{g}^{\mathrm{T}} & 0 \end{bmatrix} \begin{bmatrix} a1 & -C1C2S3 - C1S2S3 & b1 & c1 \\ a2 & -S1C2S3 - S1S2C3 & b2 & c2 \\ a3 & -S2S3 + C2C3 & b3 & c3 \\ 0 & 0 & 0 & 1 \end{bmatrix} \begin{bmatrix} 0 \\ \mathrm{MYR3} \\ 0 \\ 0 \end{bmatrix}$$

$$= -\begin{bmatrix} 0 & 0 & \mathrm{G3} & 0 \end{bmatrix} \begin{bmatrix} \mathrm{MYR3}(-C1C2S3 - C1S2S3) \\ \mathrm{MYR3}(-S1C2S3 - S1S2C3) \\ \mathrm{MYR3}C23 \\ 0 \end{bmatrix}$$

$$= -\mathrm{G3MYR3}C23$$

Los términos *ai*, *bi* y *ci* de la matriz anterior no se calculan pues no son necesarios, dado que el vector conformado por ${}^3\boldsymbol{MS}_3$ y M_3 tiene solo un elemento no nulo, perteneciente a la segunda fila.

La energía potencial total será:

$$U = -\mathrm{G3MXR2}S2 - \mathrm{G3MY2}C2 - \mathrm{G3MYR3}C23$$

Luego los elementos del vector de gravedad son:

$$Q_1 = \frac{\partial U}{\partial q_1} = \frac{\partial U}{\partial \theta_1} = 0$$

$$Q_2 = \frac{\partial U}{\partial q_2} = \frac{\partial U}{\partial \theta_2} = -\mathrm{G3MXR2}C2 + \mathrm{G3MY2}S2 + \mathrm{G3MYR3}S23$$

$$Q_3 = \frac{\partial U}{\partial q_3} = \frac{\partial U}{\partial \theta_3} = \mathrm{G3MYR3}S23$$

Finalmente la expresión del modelo dinámico inverso puede escribirse como:

$$\begin{bmatrix}\boldsymbol{\Gamma}_1\\ \boldsymbol{\Gamma}_2\\ \boldsymbol{\Gamma}_3\end{bmatrix}=\begin{bmatrix}A_{11} & 0 & 0\\ 0 & A_{22} & A_{23}\\ 0 & A_{23} & A_{33}\end{bmatrix}\begin{bmatrix}\ddot{\boldsymbol{q}}_1\\ \ddot{\boldsymbol{q}}_2\\ \ddot{\boldsymbol{q}}_3\end{bmatrix}+\begin{bmatrix}0\\ Q_2\\ Q_3\end{bmatrix}$$

Ejercicio 4.2:

Hallar la matriz $\boldsymbol{A}$ y el vector $\boldsymbol{Q}$ del modelo dinámico inverso de los robots del ejercicio.

Ejemplo 4.4: Hallar la expresión del modelo dinámico directo del ejemplo anterior (Ejemplo 4.3). En este caso se debe despejar el vector de aceleraciones articulares e invertir la matriz de inercia. Esto último se puede realizar con la ayuda de Matlab®, una vez definida la matriz de manera simbólica. El resultado es:

$$\begin{bmatrix}\ddot{\boldsymbol{q}}_1\\ \ddot{\boldsymbol{q}}_2\\ \ddot{\boldsymbol{q}}_3\end{bmatrix}=\boldsymbol{A}^{-1}\begin{bmatrix}\boldsymbol{\Gamma}_1\\ \boldsymbol{\Gamma}_2-Q_2\\ \boldsymbol{\Gamma}_3-Q_3\end{bmatrix}=\begin{bmatrix}1/A_{11} & 0 & 0\\ 0 & A_{33}/B & -A_{23}/B\\ 0 & -A_{23}/B & A_{22}/B\end{bmatrix}\begin{bmatrix}\boldsymbol{\Gamma}_1\\ \boldsymbol{\Gamma}_2-Q_2\\ \boldsymbol{\Gamma}_3-Q_3\end{bmatrix}$$

Con:

$$B=A_{22}A_{33}-A_{23}^{\;2}$$

5. Identificación paramétrica

5.1. Introducción

Dado que varias leyes de control están basadas en el modelo dinámico (control robusto, predictivo, adaptativo, por par calculado, etc.), el modelo matemático de la planta debe ser conocido con cierta exactitud. Aun si no se tuviera en cuenta el modelo en una ley de control (control PID por ejemplo), para realizar la simulación del robot en un ambiente como Matlab/Simulink® se necesitan los valores de los parámetros dinámicos del mecanismo. Estos parámetros son:

$$\boldsymbol{\lambda}=\left[XX_j\ \ XY_j\ \ XZ_j\ \ YY_j\ \ YZ_j\ \ ZZ_j\ \ MX_j\ \ MY_j\ \ MZ_j\ \ M_j\ \ I_{aj}\right]^T$$

En general existen cuatro métodos para el cálculo de los parámetros inerciales del robot:

- Las medidas, donde se miden cada uno de los cuerpos del robot. Esto implica que el robot debe ser desmontado.
- La aproximación, donde a partir de consideraciones geométricas básicas se pueden encontrar valores aproximados (como en el Ejemplo 4.1).
- El cálculo, a partir de consideraciones geométricas y de un sistema CAO (como SolidEdge®).
- La identificación, que es la mejor solución para conocer en forma real los parámetros del robot.

Se explicará a continuación el procedimiento de identificación propuesto por Khalil y Dombre (2002). Ante todo se parte de la ecuación del modelo dinámico inverso, escribiéndola de otra manera:

$$\begin{aligned} \boldsymbol{\Gamma} &= \boldsymbol{A}\ddot{\boldsymbol{q}}(q) + \boldsymbol{Q}(q) \\ \boldsymbol{Y} &= \boldsymbol{W}(q,\dot{q},\ddot{q})\,\boldsymbol{\lambda} + \boldsymbol{\rho} \end{aligned} \tag{43}$$

La matriz $\boldsymbol{W}$ es llamada matriz de observación y $\boldsymbol{\rho}$ es el vector de errores en la identificación. Obsérvese que esta expresión es igual a aquella del modelo dinámico inverso simplificado (ecuación (41)), solamente que se han dejado las incógnitas (parámetros dinámicos) a la derecha de la ecuación (vector $\boldsymbol{\lambda}$).

Es decir las cuplas ahora se llamarán $\boldsymbol{Y}$, y los parámetros dinámicos que antes estaban presentes en $\boldsymbol{A}$ y $\boldsymbol{Q}$ ahora se agrupan todos en el vector $\boldsymbol{\lambda}$. El vector $\boldsymbol{\rho}$ solamente aparece al realizar la experimentación real sobre el robot. La solución en el sentido de mínimos cuadrados implica:

$$\hat{\boldsymbol{\lambda}} = \text{Argmin}\|\boldsymbol{\rho}\|_2 \tag{44}$$

Y la solución será:

$$\begin{aligned} &\min\left\{\left[\boldsymbol{Y} - \boldsymbol{W}\hat{\boldsymbol{\lambda}}\right]^{\mathrm{T}}\left[\boldsymbol{Y} - \boldsymbol{W}\hat{\boldsymbol{\lambda}}\right]\right\} \\ &\min\left\{\boldsymbol{Y}^{\mathrm{T}}\boldsymbol{Y} - 2\boldsymbol{W}^{\mathrm{T}}\hat{\boldsymbol{\lambda}}^{\mathrm{T}}\boldsymbol{Y} + \boldsymbol{W}^{\mathrm{T}}\hat{\boldsymbol{\lambda}}^{\mathrm{T}}\,\boldsymbol{W}\hat{\boldsymbol{\lambda}}\right\} \end{aligned} \tag{45}$$

El mínimo se obtiene entonces derivando respecto a $\hat{\boldsymbol{\lambda}}$ e igualando a cero:

$$-2\boldsymbol{W}^{\mathrm{T}}\boldsymbol{Y} + 2\boldsymbol{W}^{\mathrm{T}}\boldsymbol{W}\hat{\boldsymbol{\lambda}} = 0 \tag{46}$$

Luego el vector de parámetros estimados será:

$$\boldsymbol{\lambda} = \left(\boldsymbol{W}^{\mathrm{T}}\boldsymbol{W}\right)^{-1}\boldsymbol{W}^{\mathrm{T}}\boldsymbol{Y} = \boldsymbol{W}^{+}\boldsymbol{Y} \tag{47}$$

Donde a W^+ se le llama la matriz seudoinversa de W. Se debe tener en cuenta que esta W no es determinista sino aleatoria. Suponiendo que el vector de errores ρ esté centrado, se define la varianza como:

$$\sigma_p^{\ 2} = \frac{\left\| \boldsymbol{Y} - \boldsymbol{W}\hat{\boldsymbol{\lambda}} \right\|^2}{(r - c)} \tag{48}$$

con r = número de medidas y c = número de parámetros a hallar.

Finalmente la desviación estándar es:

$$\sigma_{\hat{\lambda}jr}\,\% = 100 \frac{\sigma_{\hat{\lambda}j}}{\hat{\boldsymbol{\lambda}}_j} \tag{49}$$

Normalmente se considera que se ha realizado una buena estimación de parámetros cuando la desviación estándar para cada parámetro es menor del 10%. Desviaciones mayores a este valor obligan a realizar experimentaciones adicionales hasta bajar el error por debajo del 10%.

5.2. Planificación de la identificación sobre el robot

En la práctica se programan diversos movimientos para todas las articulaciones del robot, al mismo tiempo, con el fin de excitar todos los parámetros que se van a hallar. Esto se hace por medio de trayectorias dinámicas en cada articulación, ricas en información, de manera que se exciten todos los parámetros inerciales del robot. El robot real se moverá de manera dinámica y se guardarán en memoria tanto los voltajes enviados a los motores como las posiciones generadas por estos voltajes. La identificación final se hace fuera de línea en un programa como Matlab®. Generalmente se concatenan o unen varias trayectorias (al menos cinco) para obtener diferentes grupos de datos provenientes de movimientos diferentes, con el fin de hallar una desviación estándar menor al 10% para todos los parámetros estimados.

Condición básica para esta estimación es construir la segunda parte de la ecuación (43), lo cual se mostrará en el ejemplo siguiente.

Ejemplo 5.1: Conformación de la matriz de observación $\boldsymbol{W}$ y de la nueva expresión del modelo dinámico inverso para un robot SCARA de 4 grados de libertad.

Dado el modelo dinámico inverso de este robot, expresado de la siguiente forma:

$$\begin{bmatrix} \boldsymbol{\Gamma}_1 \\ \boldsymbol{\Gamma}_2 \\ \boldsymbol{\Gamma}_3 \\ \boldsymbol{\Gamma}_4 \end{bmatrix} = \begin{bmatrix} A_{11} & A_{12} & A_{13} & A_{14} \\ A_{21} & A_{22} & A_{23} & A_{24} \\ A_{31} & A_{32} & A_{33} & A_{34} \\ A_{41} & A_{42} & A_{43} & A_{44} \end{bmatrix} \begin{bmatrix} \ddot{\boldsymbol{q}}_1 \\ \ddot{\boldsymbol{q}}_2 \\ \ddot{\boldsymbol{q}}_3 \\ \ddot{\boldsymbol{q}}_4 \end{bmatrix} + \begin{bmatrix} Q_1 \\ Q_2 \\ Q_3 \\ Q_4 \end{bmatrix}$$

Con:

A_{11} = ZZR1 + ZZR2 + 2MXR2D2*C*2 – 2MY2D2*S*2 + 2MXR3(D2*C*23 + D3*C*3) – 2MYR3(D2*S*23 + D3*S*3) + ZZR3 + M4D2^2 + 2M4D2D3*C*2 + M4D3^2

A_{12} = ZZR2 + MXR2D2*C*2 – MY2D2*S*2 + ZZR3 + MXR3(2D3*C*3 + D2*C*23) – MYR3(2D3*S*3 + D2*S*23) + M4D2D3*C*2 + M4D3^2

A_{13} = ZZR3 + MXR3(D2*C*23 + D3*C*3) – MYR3(D2*S*23 + D3*S*3)

$A_{14} = 0$

A_{22} = ZZR2 + ZZR3 + 2MXR3D3*C*3 – 2MYR3D3*S*3 + M4D3^2 + IA2

A_{23} = ZZR3 + MXR3D3*C*3 – MYR3D3*S*3

$A_{24} = 0$

A_{33} = ZZR3 + IA3

$A_{34} = 0$

A_{44} = M4 + IA4
$Q_1 = 0$
$Q_2 = 0$
$Q_3 = 0$
Q_4 = –G3M4

Recuérdese que la matriz de inercia es simétrica, por lo tanto $A_{12} = A_{21}$. El vector de once parámetros dinámicos a identificar será:

$$\boldsymbol{\lambda} = [\text{ZZR1 ZZR2 ZZR3 MXR2 MXR3} \ldots$$
$$\ldots \text{ MY2 MYR3 M4 IA2 IA3 IA4}]$$

La expresión de la matriz de observación $\boldsymbol{W}$ (matriz 4x11) a hallar es:

$$\boldsymbol{Y} = \boldsymbol{\Gamma} = \boldsymbol{W}\boldsymbol{\lambda}$$

El modelo dinámico inverso del SCARA, expresado por filas es:

$$\boldsymbol{\Gamma}_1 = A_{11}\ddot{\boldsymbol{q}}_1 + A_{12}\ddot{\boldsymbol{q}}_2 + A_{13}\ddot{\boldsymbol{q}}_3 + A_{14}\ddot{\boldsymbol{q}}_4 + Q_1$$
$$\boldsymbol{\Gamma}_2 = A_{21}\ddot{\boldsymbol{q}}_1 + A_{22}\ddot{\boldsymbol{q}}_2 + A_{23}\ddot{\boldsymbol{q}}_3 + A_{24}\ddot{\boldsymbol{q}}_4 + Q_2$$
$$\boldsymbol{\Gamma}_3 = A_{31}\ddot{\boldsymbol{q}}_1 + A_{32}\ddot{\boldsymbol{q}}_2 + A_{33}\ddot{\boldsymbol{q}}_3 + A_{34}\ddot{\boldsymbol{q}}_4 + Q_3$$
$$\boldsymbol{\Gamma}_4 = A_{41}\ddot{\boldsymbol{q}}_1 + A_{42}\ddot{\boldsymbol{q}}_2 + A_{43}\ddot{\boldsymbol{q}}_3 + A_{44}\ddot{\boldsymbol{q}}_4 + Q_4$$

Ahora la nueva expresión para el modelo dinámico inverso, donde aparece la matriz de observación $\boldsymbol{W}$ (4x11) es:

$$
\begin{bmatrix} \boldsymbol{Y}_1 \\ \boldsymbol{Y}_2 \\ \boldsymbol{Y}_3 \\ \boldsymbol{Y}_4 \end{bmatrix} =
\begin{bmatrix}
\ddot{q}_1 & \ddot{q}_1 + \ddot{q}_2 & \ddot{q}_1 + \ddot{q}_2 + \ddot{q}_3 & 2A\ddot{q}_1 + \ddot{q}_2 & 2B\ddot{q}_1 + C\ddot{q}_2 + B\ddot{q}_3 & D\left(\ddot{q}_1 + \ddot{q}_2\right) & E\ddot{q}_1 + F\ddot{q}_2 + E\ddot{q}_3 & G\left(\ddot{q}_1 + \ddot{q}_2\right) & 0 & 0 & 0 \\
0 & \ddot{q}_1 + \ddot{q}_2 & \ddot{q}_1 + \ddot{q}_2 + \ddot{q}_3 & A\ddot{q}_1 & C\ddot{q}_1 + 2H\ddot{q}_2 + H\ddot{q}_3 & D\ddot{q}_1 & F\ddot{q}_1 - 2I\ddot{q}_2 - I\ddot{q}_3 & G\left(\ddot{q}_1 + \ddot{q}_2\right) & \ddot{q}_2 & 0 & 0 \\
0 & 0 & \ddot{q}_1 + \ddot{q}_2 + \ddot{q}_3 & 0 & B\ddot{q}_1 + H\ddot{q}_2 & 0 & E\ddot{q}_1 - I\ddot{q}_2 & 0 & 0 & \ddot{q}_3 & 0 \\
0 & 0 & 0 & 0 & 0 & 0 & 0 & \ddot{q}_4 - G3 & 0 & 0 & \ddot{q}_4
\end{bmatrix}
\begin{bmatrix} ZZR1 \\ ZZR2 \\ ZZR3 \\ MXR2 \\ MXR3 \\ MY2 \\ MYR3 \\ M4 \\ IA2 \\ IA3 \\ IA4 \end{bmatrix}
$$

Con:

$A = D2C2$

$B = (D2C23 + D3C3)$

$C = (2D3C3 + D2C23)$

$D = -2D2S2$

$E = -(D2S23 + D3S3)$

$F = -(2D3S3 + D2S23)$

$G = D3^2$

$H = D3C3$

$I = D3S3$

Ejercicio 5.1:

Hallar la matriz $\boldsymbol{W}$ y la ecuación general para identificación de los robots del Ejercicio 2.1.

6. Control de robots

6.1 Controladores industriales

La mayoría de robots comerciales utilizan servomotores eléctricos, tanto DC como AC, con reductores de velocidad. Para algunas aplicaciones especiales pueden encontrarse robots con motores hidráulicos, mientras que los robots accionados con motores neumáticos son ya bastante raros. Y todos poseen sensores de posición en sus articulaciones, siendo menos común el uso de sensores de velocidad.

Los controladores industriales actuales son sistemas especializados que proporcionan cuatro características que permiten la integración del robot en un sistema de automatización industrial. Estas características son:

a) Generación de trayectorias y seguimiento de éstas: Los controladores industriales deben trabajar en tiempo real, con tasas de muestreo de entre 10 y 20 milisegundos. El controlador debe transformar las órdenes de consignas deseadas en señales de movimiento que sean ejecutadas por cada servo controlador individual que posean las articulaciones. Este controlador individual normalmente es un clásico PID, lo cual es suficiente para la mayoría de aplicaciones, pero que se queda corto en el seguimiento de consignas conjuntas de posición y velocidad, o cuando se involucra el esfuerzo del robot sobre el ambiente. Últimamente algunos fabricantes ofrecen sofisticados sistemas de control que integran control de movimiento, visión de máquina, sensado de fuerza y programación de manufactura en una misma plataforma, lo cual resuelve prácticamente cualquier problemática de la robótica industrial.

b) Integración del movimiento y el proceso: Esto significa la integración de los movimientos del manipulador con los sensores y demás dispositivos externos del proceso. Esta integración puede ir desde las simples señales que envía el proceso para que el robot inicie la carga de determinado material, hasta su trabajo en un sistema complejo de manufactura, donde el controlador del robot puede tener integrado diversas funciones de un PLC (*programmable logic controller*).

c) Interacción humano–computador: La forma como el operador humano se comunica con el sistema robótico es extremadamente importante. Esta comunicación puede llevarse a cabo de dos maneras: escribiendo el código de programación de las tareas del robot fuera de línea para después enviar estas órdenes en tiempo real, o por medio de terminales especializados que utilizan *touch keys* o *joysticks*. Es claro que esta última manera es más amigable y fácil de trabajar para el operador humano, además muchas de las tareas que realiza el robot pueden depender de la experticia del operador que las va programando y guardando en memoria al mismo tiempo. Sin embargo estos mecanismos de interface directos son efectivos cuando no se esperan cambios en la programación y no están hechos para ambientes de trabajo cambiantes.

Últimamente se ha comenzado a trabajar en programación basada en comportamiento, donde varios comportamientos específicos son programados en el control del robot a bajo nivel. Entonces un sistema de alto nivel escogerá el comportamiento a activar dependiendo de la tarea deseada por el operador humano.

d) Integración de la información: Su propósito es incrementar la flexibilidad del sistema robótico. Los sistemas comerciales actuales han comenzado a soportar funciones de integración de la información a través de un PC usando los puertos de comunicación habituales, o bien usando redes de datos industriales. Últimamente los esfuerzos se han concentrado en la conexión de sistemas robóticos con Internet con el fin de permitir el monitoreo y control a distancia.

6.2 Consignas de movimiento

A las órdenes de referencia en posición, velocidad y aceleración, que son funciones del tiempo, se les llama consignas y deben ser definidas para cada uno de los motores del robot. Las consignas pueden ser articulares (utilizadas para realizar pruebas del robot o movimientos industriales simples) o cartesianas (necesarias para seguir requerimientos industriales).

A diferencia de la consigna clásica utilizada en el mundo industrial –el escalón–, éste no puede utilizarse en robótica ya que implicaría ir de una posición inicial a una posición final en grados o radianes, en un tiempo infinitesimal. Esto dañaría al robot debido a las inercias de las masas que están en juego durante el movimiento. Por lo tanto debe programarse una trayectoria "suave" que proporcione el tiempo suficiente para que el movimiento sea realizado.

El movimiento entre q_i y q_f (posiciones inicial y final) en función del tiempo t se describe por (así como su derivada):

$$\begin{aligned} q(t) &= q^i + r(t)D \\ \dot{q}(t) &= \dot{r}(t)D \end{aligned} \qquad (50)$$

Con: $D = q^f - q^i$

La trayectoria que permitirá realizar el movimiento articular deseado $r(t)$ está definida por los siguientes valores límites (significa que empieza en 0 y termina en el valor final):

$r(0) = 0; \; r(t_f) = 1$

En seguimiento de trayectoria el término q^f varía, siendo entonces la distancia a recorrer:

$D = q^f(0) - q^i$

Existen varias funciones que permiten satisfacer los requerimientos de la función $q(t)$ para pasar "suavemente" de

q^i a q^f. A continuación se muestran estas funciones, propuestas por Khalil y Dombre (2002). Para mayores detalles se aconseja consultar ese documento.

6.2.1 Interpolación polinomial

6.2.1.1 Interpolación lineal

El movimiento de cada articulación es descrito por una ecuación lineal en el tiempo, lo cual equivale a una rampa entre la posición inicial y la posición final, definida por la ecuación:

$$q(t)=q^i+\frac{t}{t_f}D \tag{51}$$

Aunque esta ley es continua en posición (una rampa), es discontinua en velocidad (la derivada de una rampa es un escalón), por lo cual no es aconsejable ya que presentaría un salto en la velocidad.

6.2.1.2 Polinomio de 3er grado

Se realiza imponiendo una velocidad nula al inicio y al final del movimiento, lo cual asegura continuidad en la velocidad. El grado mínimo del polinomio que satisface esta condición es tres, y está dado por la siguiente expresión:

$$q(t)=a_0+a_1t+a_2t^2+a_3t^3 \tag{52}$$

Con el fin de satisfacer las condiciones en los límites, los coeficientes de la ecuación anterior serán:

$$\begin{aligned} a_0&=q^i & a_1&=0 \\ a_2&=\frac{3}{t_f^{\,2}}D & a_3&=-\frac{2}{t_f^{\,3}}D \end{aligned} \tag{53}$$

La evolución en el tiempo de los tres parámetros se da así:

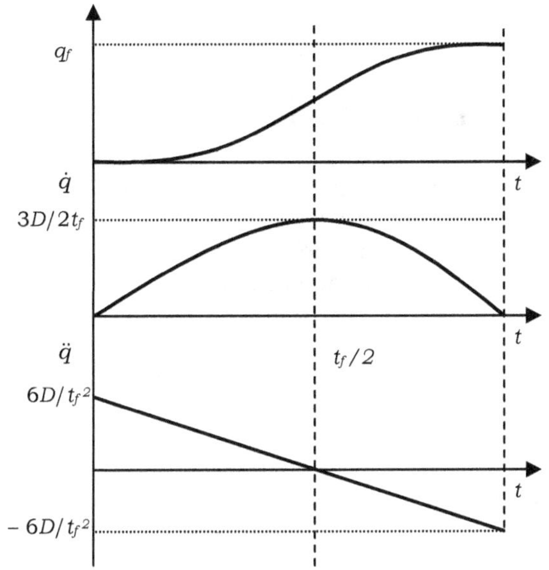

Figura 6.1. Evolución de las consignas para el polinomio de tercer grado.

Puede observarse que existe continuidad en posición y en velocidad. Aunque no hay continuidad en la aceleración, en la práctica los robots industriales son lo suficientemente rígidos para absorber esta discontinuidad. La utilización de este polinomio es entonces suficiente.

La velocidad máxima ocurre cuando $t = t_f/2$, entonces:

$$\left|\dot{q}_{j\max}\right| = \frac{3\left|D_j\right|}{2t_f} \qquad (54)$$

Con: $\left|D_j\right| = \left|q_j^f - q_j^i\right|$

Por su parte la aceleración es máxima en $t = 0$ y $t = t_f$:

$$\left|\ddot{q}_{j\max}\right| = \frac{6\left|D_j\right|}{t_f^{\,2}} \qquad (55)$$

6.2.1.3 Polinomio de 5° grado

Para los robots rápidos o que transportan cargas importantes, es necesario asegurar la continuidad de las aceleraciones con el fin de evitar sobrecargar la mecánica del robot. Como el polinomio de tercer grado no es suficiente deben imponerse dos condiciones suplementarias a la trayectoria diseñada, esto es, aceleración inicial y final nula:

$$\begin{aligned} \ddot{q}(0) &= 0 \\ \ddot{q}(t_f) &= 0 \end{aligned} \qquad (56)$$

La función de posición se escribe entonces como:

$$q(t) = 10\left(\frac{t}{t_f}\right)^3 - 15\left(\frac{t}{t_f}\right)^4 + 6\left(\frac{t}{t_f}\right)^5 \qquad (57)$$

Las expresiones para las velocidades y aceleraciones máximas serán de la siguiente forma:

$$\left|\dot{q}_{j\max}\right| = \frac{15\left|D_j\right|}{8t_f}; \qquad \left|\ddot{q}_{j\max}\right| = \frac{10\left|D_j\right|}{\sqrt{3}\,t_f^{\,2}} \qquad (58)$$

Los tres parámetros evolucionan en el tiempo así:

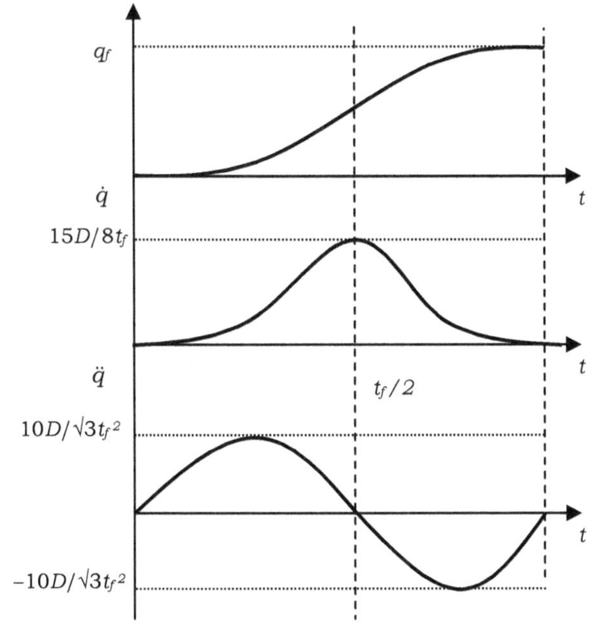

Figura 6.2. Evolución de las consignas para el polinomio de quinto grado.

Como puede verse existe continuidad en posición, velocidad y aceleración.

6.2.1.4 Ley tipo Bang-bang

En este caso el movimiento está representado por una fase de aceleración constante seguido por una fase de frenado constante, con las velocidades de inicio y de llegada nulas. El movimiento es entonces continuo en posición y en velocidad pero discontinuo en aceleración.

La posición está dada por:

$$\begin{cases} q(t) = q^i + 2\left(\dfrac{t}{t_f}\right)^2 D & \text{para } 0 \le t \le \dfrac{t_f}{2} \\ q(t) = q^i + \left[-1 + 4\left(\dfrac{t}{t_f}\right) - 2\left(\dfrac{t}{t_f}\right)^2\right] D & \text{para } \dfrac{t_f}{2} \le t \le t_f \end{cases} \tag{59}$$

Para una articulación j dada, las velocidades y aceleraciones máximas son:

$$\left|\dot{q}_{j\max}\right| = \frac{2\left|D_j\right|}{t_f}; \qquad \left|\ddot{q}_{j\max}\right| = \frac{4\left|D_j\right|}{t_f^{\,2}} \tag{60}$$

La evolución de los tres parámetros es:

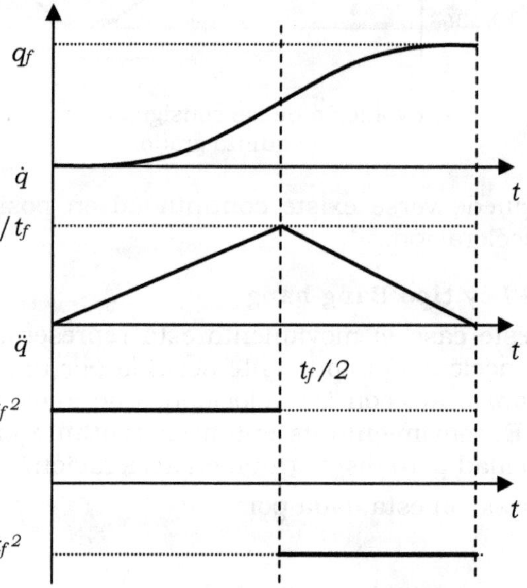

Figura 6.3. Evolución de las consignas para la ley tipo Bang- bang.

Igualmente como en el caso del polinomio de grado tres, la mayoría de robots industriales son capaces de absorber la discontinuidad presente en las aceleraciones para esta ley de movimiento.

6.2.1.5 Ley Bang-bang con trapecio en la velocidad

En este caso, cuando se saturan las velocidades de las articulaciones, se puede saturar igualmente la aceleración y de esta forma disminuir el tiempo de recorrido en relación con la ley Bang-bang original. La ley con trapecio en la velocidad es la más óptima en tiempo comparada con todas las otras que aseguran continuidad en velocidad.

La posición está representada por:

$$\begin{cases} q(t)=q^i+\frac{1}{2}t^2 k_a \operatorname{sign}(D) & \text{para } 0\leq t\leq \tau \\ q(t)=q^i+\left(t-\frac{\tau}{2}\right)k_v \operatorname{sign}(D) & \text{para } \tau\leq t\leq t_f-\tau \\ q(t)=q^f-\frac{1}{2}\left(t_f-t\right)^2 k_a \operatorname{sign}(D) & \text{para } t_f-\tau\leq t\leq t_f \end{cases} \quad (61)$$

Con: $\tau=\frac{k_v}{k_a}$

La evolución de los tres parámetros es:

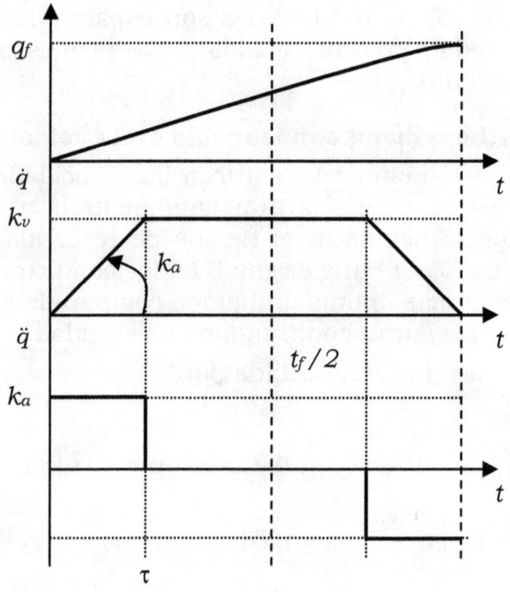

Figura 6.4. Evolución de las consignas para la ley tipo Bang- bang con trapecio en la velocidad.

El tiempo de recorrido mínimo de una trayectoria de este tipo será igual a:

$$t_f = \tau + \frac{D}{k_v} \tag{62}$$

6.3 Estrategias de control

Como se vio anteriormente, la forma general del modelo dinámico inverso es, incluyendo frotamientos:

$$\boldsymbol{\Gamma} = \boldsymbol{A}(q)\ddot{\boldsymbol{q}} + \mathbf{C}(q,\dot{q})\dot{\boldsymbol{q}} + \mathbf{Q}(q) + \boldsymbol{F}_v\dot{\boldsymbol{q}} + \boldsymbol{F}_s\,\mathrm{sign}(\dot{q}) \tag{63}$$

De una manera compacta puede escribirse:

$$\boldsymbol{\Gamma} = \boldsymbol{A}(q)\ddot{\boldsymbol{q}} + \boldsymbol{H}(q,\dot{q}) \tag{64}$$

El vector H agrupa entonces los siguientes términos:

$$\boldsymbol{H} = \boldsymbol{A}(q)\ddot{\boldsymbol{q}} + \mathbf{C}(q,\dot{q})\dot{\boldsymbol{q}} + \mathbf{Q}(q) + \boldsymbol{F}_v\dot{\boldsymbol{q}} + \boldsymbol{F}_s\,\mathrm{sign}(\dot{q}) \qquad (65)$$

Varios tipos de estrategias pueden ser utilizadas para controlar un robot (Sciavicco and Siciliano, 1996; Khalil and Dombre, 2002; Lewis *et al.*, 2004; Kelly, *et al.*, 2005; Spong *et al.*, 2006; Siciliano and Khatib, 2008; Jazar, 2010). Éstas pueden dividirse en:

- Si no se utiliza un modelo matemático del robot: control PID, control difuso (*fuzzy*).
- Si se utiliza un modelo matemático del robot: control por par calculado, control pasivo, control predictivo, control robusto, control adaptativo, control por modos deslizantes, etc.

A continuación se analizarán los dos tipos de controladores más utilizados en robótica industrial según las propuestas de Khalil y Dombre (2002): control PID y control por par calculado. En este libro se hace un análisis simple de dichos controladores y se proponen unas leyes de control que son de fácil aplicación para la mayoría de los robots industriales tipo serie. Sin embargo no se trata el problema de la estabilidad de los mismos según la función de Lyapunov, y las no linealidades presentes en el modelo del robot se solucionan con la linealización por realimentación. Para mayores detalles sobre estos dos importantes aspectos se invita al lector a que consulte Lewis *et al.* (2004), Kelly *et al.* (2005) o cualquiera de los otros libros listados anteriormente.

6.4 Control PID

El mecanismo es considerado como un sistema lineal y cada articulación es controlada por un control descentralizado de tipo PID con ganancias constantes. Su ventaja es su facilidad de implementación y su bajo costo. En contraste se pueden encontrar malas precisiones y desplazamientos excesivos en el caso de movimientos rápidos. Su esquema general es:

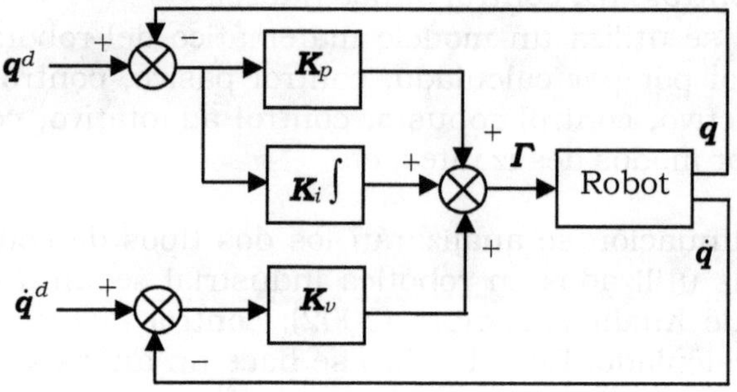

Figura 6.5. Esquema control PID.

Nótese que el bloque "Robot" contiene el modelo dinámico directo (MDD), necesario para realizar la respectiva simulación en un software como Simulink®. La ley de control PID se escribe como:

$$\boldsymbol{\Gamma} = \boldsymbol{K}_p(\boldsymbol{q}^d - \boldsymbol{q}) + \boldsymbol{K}_v(\dot{\boldsymbol{q}}^d - \dot{\boldsymbol{q}}) + \boldsymbol{K}_i \int(\boldsymbol{q}^d - \boldsymbol{q})dt \tag{66}$$

El cálculo de las ganancias K_p, K_v y K_i se realiza considerando el sistema robot, lineal y de segundo orden:

$$\boldsymbol{\Gamma} = a_j \ddot{\boldsymbol{q}}_j + F_v \dot{\boldsymbol{q}}_j + \gamma_j \tag{67}$$

Donde $a_j = A_{jjmax}$ designa el valor máximo del elemento A_{jj} de la matriz de inercia $\boldsymbol{A}$ del robot y γ_j es una fuerza perturbadora.

Igualando las ecuaciones (66) y (67) y aplicando la transformada de Laplace, para una fuerza perturbadora nula, se obtiene:

$$\frac{q_j(s)}{q_j^d(s)} = \frac{K_{vj}s^2 + K_{pj}s + K_{ij}}{a_j s^3 + (K_{vj} + F_{vj})s^2 + K_{pj}s + K_{ij}} \qquad (68)$$

La solución más corriente consiste en escoger las ganancias con el fin de obtener un triple polo real negativo, lo cual proporciona una respuesta rápida y sin oscilaciones. Entonces:

$$\Delta(s) = a_j s^3 + (K_{vj} + F_{vj})s^2 + K_{pj}s + K_{ij} = a_j(s + \omega_j)^3; \quad \omega_j > 0 \quad (69)$$

Ubicando el polo tripe en la posición ω_j, se deducen entonces las ganancias del controlador:

$$\begin{cases} K_{pj} = 3a_j\omega_j^2 \\ K_{vj} + F_{vj} = 3a_j\omega_j \\ K_{ij} = a_j\omega_j^3 \end{cases} \qquad (70)$$

La frecuencia ω_j se escoge lo más alta posible, sin ser superior a la pulsación de resonancia del robot, normalmente $\omega_j = \omega_{rj}/2$. En la práctica, se desactiva la parte integral cuando el error de posición es muy grande, ya que el término proporcional es suficiente. Se lo desactiva también cuando el error es muy pequeño para evitar las oscilaciones que podrían introducir los frotamientos secos. El término $K_v\dot{\mathbf{q}}^d$ permite reducir los errores de seguimiento del movimiento deseado, algo que en automática no se utiliza.

6.4.1 Sintonización manual del controlador PID

Aparte de las fórmulas de sintonización mostradas anteriormente existen varios métodos para sintonizar controladores PID aplicados a robots industriales. Sin embargo la metodología más simple que puede aplicarse es por ensayo y error, a menos que se tengan demasiadas articulaciones. La metodología que se sigue en simulación es:

i. Colocar las constantes K_p en 1 y las K_v y Ki en cero. El sistema reaccionará como si no existiera controlador alguno, lo cual hará que la respuesta del robot sea inestable.
ii. Aumentar los valores de K_p hasta obtener estabilidad aunque aparezcan oscilaciones.
iii. Empezar a aumentar levemente los valores de K_v con el fin de disminuir las oscilaciones. Estos valores no pueden ser muy altos porque el sistema se hará extremadamente lento.
iv. Una vez disminuidas las oscilaciones se pueden incrementar de nuevo los valores proporcionales K_p con el fin de disminuir el error. Ajustar poco a poco estos dos valores (K_p y K_v): aumentar el primero para disminuir el error aunque aparezcan oscilaciones, aumentar el segundo para disminuir estas oscilaciones.
v. En caso de que exista al final error en estado estacionario para las consignas cartesianas, incrementar levemente los valores de K_i, aunque esto puede ocasionar que de nuevo aumenten las oscilaciones.

Una vez sintonizado el control en simulación se puede proceder a realizar un ajuste fino con el robot real. La desventaja del PID en la parte de sintonización es que se trabaja con un sistema altamente acoplado, lo que significa que la sintonización de una articulación influye en las articulaciones ya sintonizadas, haciendo más difícil el ajuste global de todos los valores de ganancias. Para más de tres o cuatro articulaciones la sintonización puede ser un procedimiento bastante engorroso.

6.5 Control dinámico

Cuando la aplicación exige evoluciones rápidas del robot y una gran precisión, es necesario diseñar una ley de control más sofisticada, que tenga en cuenta parcial o totalmente las fuerzas de interacción dinámica. Una buena solución al respecto es el control por desacoplamiento no lineal, **control por par calculado** o simplemente, control dinámico. En inglés se lo conoce como CTC (*computed torque control*).

Este tipo de control exige el cálculo del modelo dinámico en línea y el conocimiento de los valores numéricos de los parámetros dinámicos. Es decir el control lleva implícito el modelo del sistema que se quiere calcular, y por lo tanto es imprescindible conocer con cierta exactitud el valor de los parámetros dinámicos del robot.

Un robot es básicamente un sistema no lineal, lo cual puede verse fácilmente en el contenido de las expresiones para la matriz de inercia $\boldsymbol{A}$ y el vector $\boldsymbol{Q}$. Aunque existen varias maneras de implementar un controlador no lineal (Lewis, *et al.*, 2004; Haddad and Chellaboina, 2008), la forma más sencilla es linealizar el sistema no lineal y aplicar luego un control lineal.

La idea básica de la linealización por realimentación es construir una transformación que linealice el sistema no lineal después de un determinado cambio de coordenadas en el espacio de estados. Esto se realiza en un primer lazo interno del controlador. Un segundo lazo (externo) contendrá un controlador tradicional el cual trabajará con las nuevas coordenadas definidas.

Definiendo los siguientes vectores en el espacio de estados:

$$\begin{gathered}\boldsymbol{x}_1=\boldsymbol{q};\boldsymbol{x}_2=\dot{\boldsymbol{q}}\\ \boldsymbol{x}=\begin{bmatrix}\boldsymbol{x}_1\\ \boldsymbol{x}_2\end{bmatrix};\boldsymbol{y}=\boldsymbol{x}_1\end{gathered} \tag{71}$$

La ecuación (64) puede entonces ser reescrita como:

$$\dot{\boldsymbol{x}}=\boldsymbol{B}\boldsymbol{x}+\boldsymbol{C}\boldsymbol{\beta}(\boldsymbol{x})^{-1}\left(\boldsymbol{\Gamma}-\boldsymbol{\delta}(\boldsymbol{x})\right) \tag{72}$$

Con:

$$\boldsymbol{B}=\begin{bmatrix}0 & \mathrm{I}\\ 0 & 0\end{bmatrix};\boldsymbol{C}=\begin{bmatrix}0\\ \mathrm{I}\end{bmatrix};\boldsymbol{\beta}(\boldsymbol{x})=\boldsymbol{A}(x_1);\boldsymbol{\delta}(\boldsymbol{x})=\boldsymbol{H}(x_1,x_2) \tag{73}$$

Considerando una realimentación no lineal dada por:

$$\boldsymbol{\Gamma} = \boldsymbol{\beta}(\boldsymbol{x})\boldsymbol{v} + \boldsymbol{\delta}(\boldsymbol{x}) \quad (74)$$

Realizando una transformación entre $\boldsymbol{v}$ y $\boldsymbol{x}$ se halla que:

$$\ddot{\boldsymbol{y}} = \boldsymbol{v} \quad (75)$$

Esto corresponde a un sistema linealizado por realimentación, donde la ecuación (64) del modelo dinámico inverso se transforma en un doble par de integradores.

6.5.1 Control en el espacio articular

Para la ecuación (64), si $\hat{\boldsymbol{A}}$ y $\hat{\boldsymbol{H}}$ son las estimaciones respectivas de $\boldsymbol{A}$ y H, y suponiendo que las posiciones y velocidades articulares son medibles y que no están contaminadas con ruido, se puede escoger una variable de control de la forma:

$$\boldsymbol{\Gamma} = \hat{\boldsymbol{A}}(q)\boldsymbol{w}(t) + \hat{\boldsymbol{H}}(q, \dot{q}) \quad (76)$$

Entonces, en el caso ideal donde el modelo se supone bastante bien conocido $\left(\hat{\boldsymbol{A}} \cong \boldsymbol{A}; \hat{\boldsymbol{H}} \cong \boldsymbol{H}\right)$, el sistema puede ser gobernado por la ecuación (equivalente a la ecuación (75)):

$$\ddot{\boldsymbol{q}} = \boldsymbol{w}(t) \quad (77)$$

El vector $\boldsymbol{w}(t)$ se considera entonces como un nuevo vector de control, siendo ésta la esencia del control por par calculado. El problema se reduce entonces a un problema de control de n sistemas lineales, invariantes, desacoplados y de segundo orden (doble integrador). En la práctica esta es una ventaja considerable para el control CTC, donde cada articulación se sintoniza por separado sin tener en cuenta las demás.

Dependiendo del tipo de consigna se pueden tener los siguientes esquemas para el control CTC.

6.5.1.1 Movimiento completo deseado

Se fijan como variables deseadas la posición, la velocidad y la aceleración. El vector de control se define como:

$$\boldsymbol{w}(t) = \ddot{\boldsymbol{q}}^d + \boldsymbol{K}_v(\dot{\boldsymbol{q}}^d - \dot{\boldsymbol{q}}) + \boldsymbol{K}_p(\boldsymbol{q}^d - \boldsymbol{q}) \quad (78)$$

La respuesta del sistema en bucle cerrado se escribe por la ecuación desacoplada siguiente ($\boldsymbol{e} = \boldsymbol{q}^d - \boldsymbol{q}$):

$$\ddot{\boldsymbol{e}} + \boldsymbol{K}_v\dot{\boldsymbol{e}} + \boldsymbol{K}_p\boldsymbol{e} = 0 \quad (79)$$

Las ganancias K_{pj} y K_{vj} son escogidas para imponer al error del eje j la dinámica deseada de amortiguamiento ξ_j (en general igual a 1 para obtener una respuesta sin sobreimpulso), y de pulsación ω_j para no importa cuál configuración del robot:

$$\begin{cases} K_{pj} = \omega_j \\ K_{vj} = 2\xi_j\omega_j \end{cases} \quad (80)$$

El esquema de este controlador es:

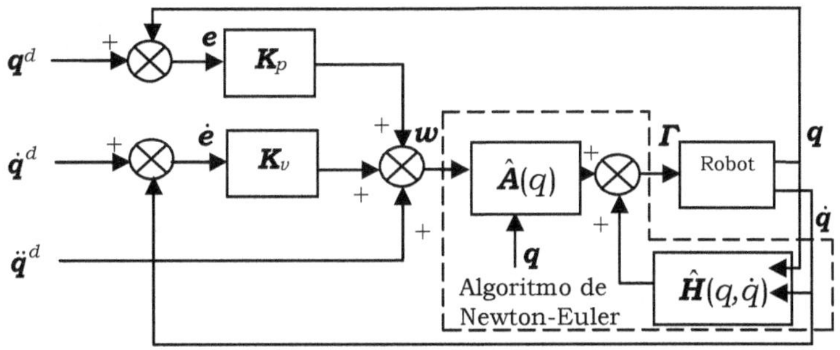

Figura 6.6. Esquema control CTC con movimiento completamente especificado.

La parte punteada se refiere al modelo dinámico inverso (MDI) o modelo matemático de la planta (en este caso el robot), el cual cual ha sido linealizado por realimentación. Igual que para el PID, la forma más fácil de sintonizar este controlador es por ensayo y error, siendo más sencillo aún si se tiene en cuenta que se deben sintonizar dos ganancias (K_p y K_v) en vez de tres, y que las articulaciones están desacopladas.

6.5.1.2 Solo la posición deseada

En este caso el objetivo es solamente alcanzar la posición q^d. Una posibilidad para $\boldsymbol{w}(t)$ es:

$$\boldsymbol{w}(t) = \boldsymbol{K}_p(\boldsymbol{q}^d - \boldsymbol{q}) - \boldsymbol{K}_v\dot{\boldsymbol{q}} \tag{81}$$

Si la modelización es perfecta, reemplazando $\boldsymbol{w}(t)$ por la aceleración articular se deduce la ecuación en lazo cerrado del sistema como:

$$\ddot{\boldsymbol{q}} + \boldsymbol{K}_v\dot{\boldsymbol{q}} + \boldsymbol{K}_p\boldsymbol{q} = \boldsymbol{K}_p\boldsymbol{q}^d \tag{82}$$

Esto representa igualmente una ecuación lineal desacoplada de segundo orden. Su esquema es:

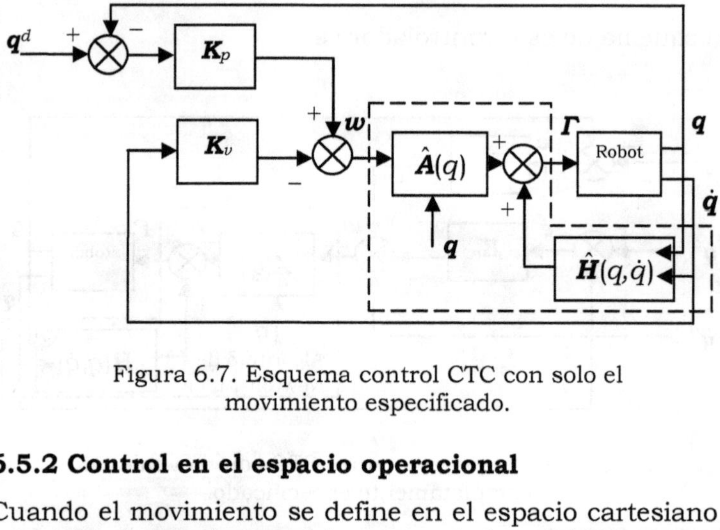

Figura 6.7. Esquema control CTC con solo el movimiento especificado.

6.5.2 Control en el espacio operacional

Cuando el movimiento se define en el espacio cartesiano u operacional (consignas típicamente industriales), se puede proceder de dos maneras:

- se transforma el movimiento definido en el espacio operacional en un movimiento en el espacio articular y se aplica luego un control en el espacio articular (como los que se vieron en la sección precedente);

- se definen las ecuaciones dinámicas del robot en el espacio operacional para escribir directamente en este espacio las ecuaciones de control.

6.5.2.1 Control en el espacio operacional con corrección en el espacio articular (primer caso)

Para transformar el movimiento cartesiano deseado en un movimiento articular, se utiliza el modelo geométrico inverso (sección 2.4), donde $\boldsymbol{q}^d = f(\boldsymbol{X}^d)$.

El control se realiza entonces por cualquiera de los métodos vistos anteriormente (movimiento completamente especificado o cuando solo se especifica la posición).

6.5.2.2 Control en el espacio operacional con corrección en el espacio operacional (segundo caso)

Este tipo de control resulta interesante cuando el robot interactúa con el ambiente, por ejemplo en tareas que requieran ejercer un esfuerzo sobre algún tipo de material (control de fuerza). A partir del modelo cinemático directo se tiene:

$$\dot{\boldsymbol{X}} = \boldsymbol{J}\dot{\boldsymbol{q}} \tag{83}$$

Derivando esta ecuación:

$$\ddot{\boldsymbol{X}} = \boldsymbol{J}\ddot{\boldsymbol{q}} + \dot{\boldsymbol{J}}\dot{\boldsymbol{q}} \tag{84}$$

Reemplazando en la ecuación general del modelo dinámico inverso (ecuación (64)) se obtiene:

$$\boldsymbol{\Gamma} = \boldsymbol{A}\boldsymbol{J}^{-1}\left(\ddot{\boldsymbol{X}} - \dot{\boldsymbol{J}}\dot{\boldsymbol{q}}\right) + \boldsymbol{H} \tag{85}$$

Igualmente que para el caso en el espacio articular, una ley de control que linealice y desacople las ecuaciones del robot puede escribirse como:

$$\boldsymbol{\Gamma} = \hat{\boldsymbol{A}}\boldsymbol{J}^{-1}\left(\boldsymbol{w}(t) - \dot{\boldsymbol{J}}\dot{\boldsymbol{q}}\right) + \hat{\boldsymbol{H}} \tag{86}$$

Para el caso de una buena estimación de los parámetros del robot $\left(\hat{\boldsymbol{A}} \cong \boldsymbol{A}; \hat{\boldsymbol{H}} \cong \boldsymbol{H}\right)$, el sistema puede ser gobernado por una ecuación con doble integrador como se muestra en la siguiente ecuación:

$$\ddot{\boldsymbol{X}} = \boldsymbol{w}(t) \tag{87}$$

Existen varias soluciones para el controlador. Si se aplica un corrector PD, con el movimiento deseado completamente especificado se obtiene:

$$\boldsymbol{w}(t) = \ddot{\boldsymbol{X}}^d + \boldsymbol{K}_v(\dot{\boldsymbol{X}}^d - \dot{\boldsymbol{X}}) + \boldsymbol{K}_p(\boldsymbol{X}^d - \boldsymbol{X}) \tag{88}$$

Con esta ley, teniendo como hipótesis una modelización perfecta y errores iniciales nulos, el comportamiento del robot es descrito por:

$$\ddot{\boldsymbol{e}}_x + \boldsymbol{K}_v\dot{\boldsymbol{e}}_x + \boldsymbol{K}_p\boldsymbol{e}_x = 0 \tag{89}$$

siendo: $\boldsymbol{e}_x = \boldsymbol{X}^d - \boldsymbol{X}$

El esquema del controlador será:

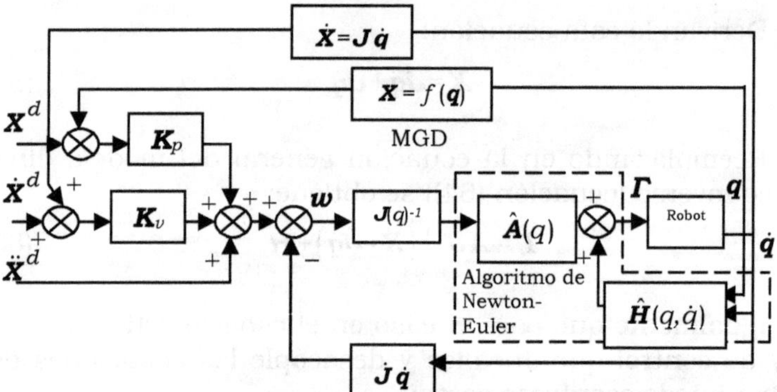

Figura 6.8. Control en el espacio operacional con movimiento completamente especificado.

Si solamente se especifica la posición deseada, lo cual lleva a un control más simple, se tendrá el siguiente esquema:

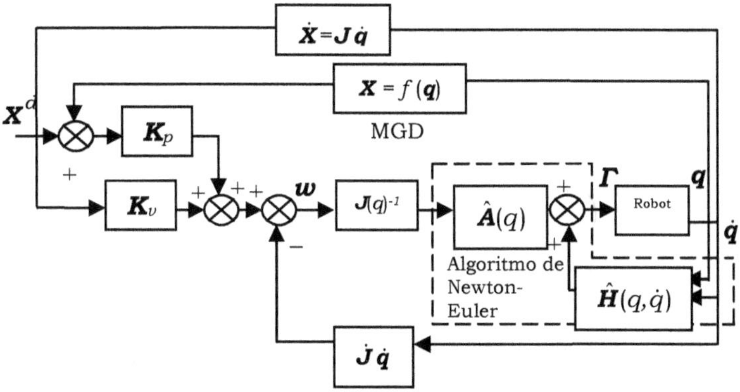

Figura 6.9. Control en el espacio operacional con solo el movimiento especificado.

Téngase en cuenta que ahora los valores de las ganancias proporcionales y derivativas a sintonizar son tres por cada dimensión, independiente del número de articulaciones del robot. Es decir se sintonizarán los errores en los ejes *x*, *y* e *z*, y no errores por cada articulación. Esto hace que el proceso de sintonización sea más simple, aunque la construcción del controlador total es más compleja debido a la presencia de la Jacobiana.

7. SIMULACIÓN DE SISTEMAS ROBÓTICOS

7.1 Aspectos iniciales

En este capítulo se verán diversas implementaciones de los controladores vistos, en el ambiente Matlab/Simulink®. Los archivos a los cuales hacen referencia los ejemplos que se mostrarán pueden ser bajados de la siguiente dirección:

www.ai.unicauca.edu.co/Robotica

Los diferentes bloques de Simulink® que se utilizarán son:

<u>Menú Sources:</u>

From Workspace: Bloque que introduce en la simulación valores previamente cargados en memoria, por ejemplo las consignas.

<u>Menú Sinks:</u>

To Workspace: Bloque que envía al espacio de trabajo las variables definidas en este bloque.

Scope: Osciloscopio que muestra las señales de entrada. El orden de las señales según el color es: primera señal (amarillo); segunda señal (fucsia); tercera señal (azul claro); cuarta señal (rojo); quinta señal (verde); sexta señal (azul oscuro); etcétera.

XY Graph: Osciloscopio que muestra la señal *X* sobre *Y*.

Menú Signal Routing:

Mux: Multiplexor que toma varias señales y reagrupa en la salida una sola. Por defecto tiene dos entradas pero puede cambiarse al número de entradas necesarias.

Demux: Demultiplexor que recibe una sola señal y deriva de aquí varias señales de salida. Por defecto entrega dos señales pero puede cambiarse al número de salidas necesarias.

Menú Math Operations:

Sum: Bloque que suma dos entradas por defecto. Puede cambiarse a la suma de varias entradas (+ + +...), o a un restador (+ –), así como el tipo de forma del bloque (circular o rectangular).

Gain: Bloque de ganancia que multiplica la entrada por el valor escalar de ganancia definido.

Menú Continuous:

Derivative: Deriva la señal de entrada.

Integrator: Integra la señal de entrada.

Menú Discrete:

Zero-Order Hold: Retenedor de orden de cero que simula la presencia de conversores análogo-digital o digital-análogo.

Menú Ports & Subsystems:

Subsystem: Subsistema que agrupará diferentes bloques con el fin de organizar de mejor manera el sistema completo.

In1: Entrada del subsistema. Si se necesitan más entradas se deben realizar copias de ésta.

Out1: Salida del subsistema. Si se necesitan más salidas se deben realizar copias de ésta.

Menú User-Defined Functions:

MATLAB Fcn: Función definida por el usuario. Aquí normalmente se define el modelo dinámico inverso (MDI), así como los modelos geométricos, la Jacobiana, etcétera.

S-Function: Función definida por el usuario, implicando estados y derivadas. Aquí normalmente se define el modelo dinámico directo del robot (MDD).

El sistema de control para un robot en Simulink® constará de lo siguiente:

- Consignas: Las consignas se definen en Simulink® con los bloques *From Workspace*. Es necesario cargar estas consignas antes de realizar la simulación.
- Modelo matemático del robot: Está representado por el modelo dinámico directo del robot, el cual se define en un archivo y es llamado por la *S-Function*. El nombre del archivo para el ejemplo es *scara_directo1.m*.
- Controlador: El cual puede ser tipo PID o CTC (o algún otro controlador avanzado). Si el controlador involucra el modelo del robot, como es el caso del CTC, este modelo se define por medio de la *MATLAB Fcn*. El archivo representará el modelo dinámico inverso del robot y para el ejemplo se llama *scara_inverso1.m*.
- Error cartesiano o articular: Es la herramienta que permite alcanzar los requerimientos del problema planteado. Estos errores se ven en un osciloscopio a través de una función que entrega la diferencia entre las señales deseadas y las medidas. Estas señales son articulares para el caso del error articular y cartesianas para el caso del error cartesiano.

<u>Consignas:</u>

En los ejercicios desarrollados en este libro se tratarán las siguientes consignas:

- Consigna grado cinco: Consigna articular de quinto grado.
- Consigna circular: Consigna circular cartesiana.
- Consigna lineal: Consigna lineal cartesiana con cambio de dirección.

A continuación se mostrarán cada una de estas consignas.

a) Consigna de grado cinco: Es una consigna de quinto grado que se define para cada una de las articulaciones del robot, sean rotoides o prismáticas. El nombre del archivo es *grado_cinco.m*, y su código para una articulación es:

```
% Tiempo de muestreo:
Tem=0.001;
% Posición inicial y final (en radianes):
Qiniti = 0.0;
Qfini = 1.0;
% Tiempo final de la trayectoria:
Tfini=1.0;

% Cálculo de la distancia a recorrer:

delta_pos=Qfini-Qiniti;

% Puntos de quiebre:

t1=0;
t2=Tfini;
t3=2*Tfini;
t4=Tfini;

% Calculo del número de muestras:

nbech=1000;
instant=[0.001:Tem:1]';

xt=0;
temps=0;
p=[]';

% Construcción de los vectores para la simulación:

for g=1:1:nbech

 p(g)=xt;
```

```
if (temps<=t2)
ti=t1;
a0=Qfini*(10*(temps/Tfini)^3 - 15*(temps/Tfini)^4 +
6*(temps/Tfini)^5);
elseif (temps<=t3)
ti=t2;
a0=Qfini;
end

xt=a0;
temps=temps+Tem;
end

qd_1 = p';

%Consigna articular:

cons1 = qd_1;
```

La forma de la consigna es:

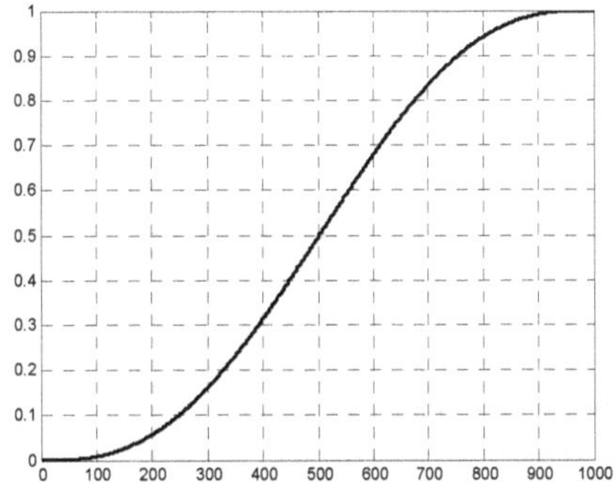

Figura 7.1. Consigna de quinto grado.

Obsérvese que la consigna se realiza durante 1 segundo. Como el tiempo de muestreo se ha definido en 0.001 segundos, el tamaño del vector *cons1* será de 1000x1 (mil filas, una columna). Importante a retener: tiempo de muestreo, vector con la base de tiempo de la trayectoria (*instant*), y vector con la consigna (*cons1*).

El archivo permite cambiar el punto inicial y final de la trayectoria así como el tiempo final. Los puntos de quiebre permiten variar la pendiente de la trayectoria.

b) Consigna circular: Es una consigna que se define sobre dos ejes, normalmente *x* e *y*. Permite dibujar un círculo de radio y centro definidos por el usuario. Se debe tener en cuenta el espacio de trabajo del robot, pues fuera de este espacio el robot no podrá seguir la trayectoria. El nombre del archivo es *Circular.m* y su código es:

```
% Tiempo de muestreo y duración final de la trayectoria:

Tfinal=3.0;
Tem=0.001;

% Cálculo del número de muestras:

nbech=(Tfinal/Tem)+1;
if ((round(nbech)-nbech) == 0)
 instant=[0:Tem:Tfinal]';
else
 nbech=nbech+1;
 instant=[0:Tem:Tfinal+Tem]';
end
t=0;

for h=1:1:nbech
 t=t+Tem;
 x1(h)=0.05*sin(2*pi*1/Tfinal*t);
 y1(h)=0.05*cos(2*pi*1/Tfinal*t);
end
x1=x1';
y1=y1';
%-------------------
cons1= 0.4 + x1;
cons2= 0.3 + y1;
cons3=0.5*ones(3001,1);
```

La forma de la consigna es:

```
>>plot(cons1,cons2)
```

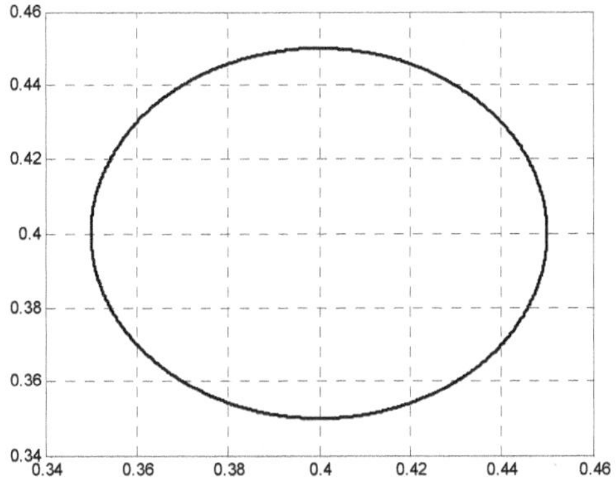

Figura 7.2. Consigna circular.

La consigna circular se construye siguiendo una señal senoidal en *x* y cosenoidal en *y*. En este caso la amplitud de cada señal determina el radio del círculo, 5 centímetros en el ejemplo. Obsérvese que el tiempo final de la trayectoria afecta la frecuencia de la señal senoidal y cosenoidal (sen(ωt) = sen(2 ft)). El centro del círculo se define al final, en el ejemplo se ubica en la posición (0.4, 0.3). La posición en el eje *z* se mantiene constante, a 50 centímetros de la base del robot. Si el tiempo final cambia (si el círculo se hace más rápido o más despacio), se debe cambiar también el tamaño del vector *cons3* para hacerlo igual a los otros dos vectores de consigna (*x* e *y*).

c) Consigna lineal: Esta consigna cartesiana definida sobre los ejes *x* e *y* exige bastante del controlador ya que la dirección de la recta se cambia bruscamente, siendo afectada por las inercias del movimiento. El nombre del archivo es *lineal.m* y su código es:

```
% Tiempo de muestreo y duración final de la trayectoria:

Tfinal=3.0;
Tem=0.001;

% Cálculo del número de muestras:

nbech=(Tfinal/Tem)+1;
if ((round(nbech)-nbech) == 0)
 instant=[0:Tem:Tfinal]';
else
 nbech=nbech+1;
 instant=[0:Tem:Tfinal+Tem]';
end

% Definición de la base de tiempo:

instant = instant(1:3000,:);

% Definición de las dos líneas:

t=0;
for h=1:1:1500
 t=t+Tem;
 x1(h)=t;
 y1(h)=t;
end

t=1.5;
for h=1:1:1500
 t=t+Tem;
 x2(h)=-t + 3.0;
 y2(h)= t;
end

xx = [x1 x2];
yy = [y1 y2];
xx = xx';
yy = yy';
%-------------------
```

```
cons1= 0.35 + 0.01*xx;
cons2= 0.35 + 0.01*yy;
cons3= 0.4*ones(3000,1);
```

La forma de la consigna es:

```
>>plot(cons1,cons2)
```

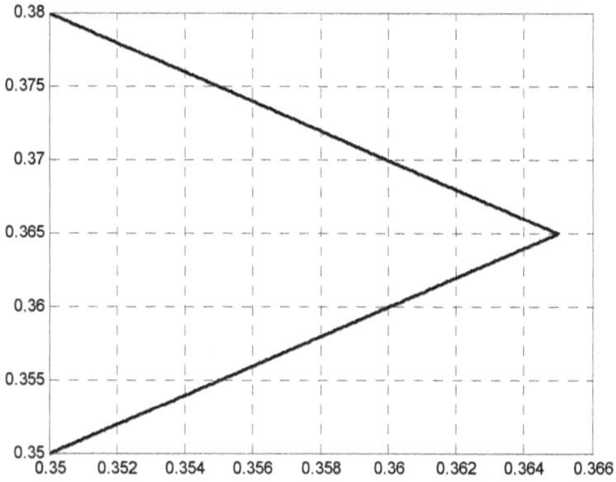

Figura 7.3. Consigna lineal con cambio de dirección.

Varios cambios son posibles con las tres consignas vistas:

<u>Consigna de grado cinco:</u>

Tiempo final: *Tfini* ≠ 1.
Valor final de la posición: *Qfini* ≠ 1
Diferente pendiente de la trayectoria: Cambiar la proporción entre los puntos de quiebre.

<u>Consigna circular:</u>

Tiempo final: *Tfini* ≠ 3. Se pueden programar diferentes tiempos para la realización de la consigna circular. Obsérvese que la *cons3* (al final del programa) es una señal constante igual a 0.5 y definida como un vector de 3001 filas. Sin embargo si se cambia el tiempo final el tamaño del vector debe cambiar también. Por ejemplo si la consigna se hace en 5 segundos, el vector deberá ser definido como 5001x1.

Amplitud de la señal: El radio del círculo depende de la amplitud de las señales seno y coseno. Esta amplitud está definida en metros. Las dos amplitudes deben ser iguales, en caso contrario se obtiene una elipse.

Centro del círculo: Se define con los valores presentes en *cons1* y *cons2.*

Consigna lineal:

Tiempo final: *Tfini* ≠ 3. Se pueden programar diferentes tiempos para la realización de la consigna lineal. Obsérvese que la *cons3* (al final del programa) es una señal constante igual a 0.5 y definida como un vector de 3001 filas. Sin embargo si se cambia el tiempo final, el tamaño del vector debe cambiar también, igual que en el caso anterior. Igualmente debe cambiarse el tamaño del vector en la definición de la base de tiempo (variable *instant*).

Punto de inicio de la trayectoria: Se define con los valores presentes en *cons1* y *cons2.*

Forma de la señal: La señal está conformada por dos líneas que forman un ángulo entre sí. Esto depende de dos bucles *for* así:

```
t=0;
for h=1:1:X
 t=t+Tem;
 x1(h)=t;
 y1(h)=t;
end

t=Y;
for h=1:1:X
 t=t+Tem;
 x2(h)=-t + Tfinal;
 y2(h)= t;
end
```

Donde *X* indica el número de muestras que hay hasta llegar a la mitad de la trayectoria (para 3 segundos hay 1500 muestras); *Y* indica la mitad del tiempo total (para 3 segundos es 1.5); y en la segunda parte de la trayectoria debe colocarse de nuevo el tiempo final.

7.2 Simulación de controladores

En esta sección se verán cinco controladores, aplicados a un robot SCARA de cuatro grados de libertad. Los valores de los parámetros geométricos y dinámicos supuestos para este robot se muestran en la siguiente tabla.

Tabla 3. Valores geométricos y dinámicos supuestos para un robot SCARA.

ZZR1	3.38	ZZR2	0.063	ZZR3	0.1
MXR2	0.242	MXR3	0.2	MY2	0.001
MYR3	0.1	M4	1.8	IA3	0.045
IA4	0.045	D2	0.5	D3	0.3

Tener en cuenta que todos los archivos que van a ser tratados deben ubicarse en la misma carpeta y el *path* de Matlab debe estar situado sobre ella.

7.2.1 Simulación de un control PID articular

La consigna deseada está definida en el archivo *grado_cinco.m*, donde aparecen cuatro trayectorias de quinto grado, iniciando todas en cero radianes y finalizando en valores entre 0.8 y 1.5 radianes. Estas consignas se muestran a continuación:

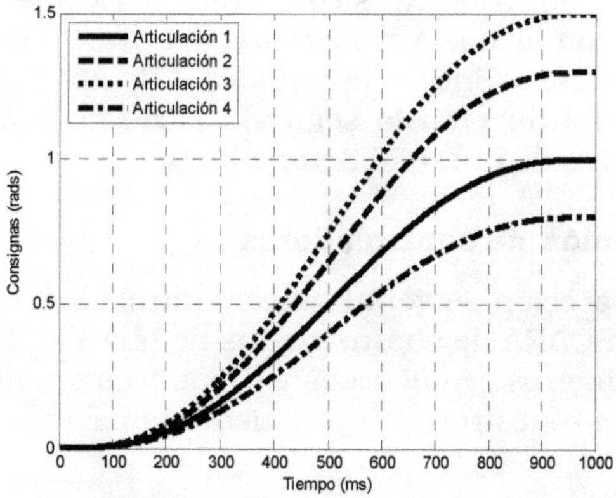

Figura 7.4. Consignas articulares para un robot SCARA.

El esquema del sistema completo en Simulink® es:

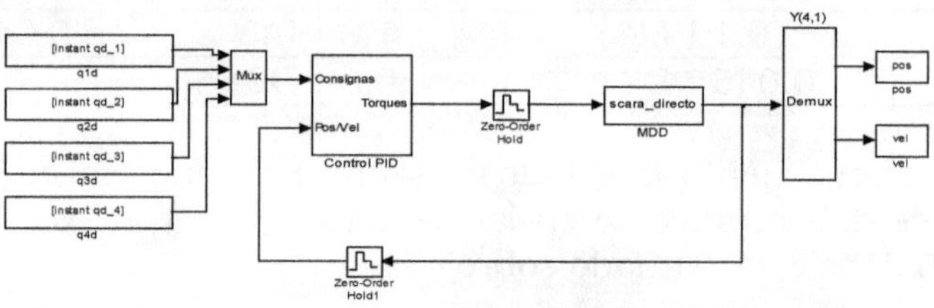

Figura 7.5. Esquema del control PID articular

Y el bloque del control PID:

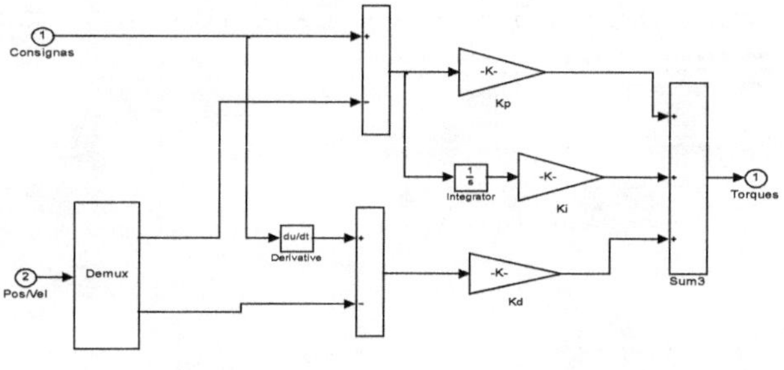

Figura 7.6. Esquema del bloque controlador PID.

Las consignas están construidas con bloques *From Workspace*, con los siguientes valores internos:

Data: [instant qd_1]
Sample time: Tem

La variable *instant* está definida en la trayectoria *grado_cinco.m* como se vio anteriormente, la cual define la base de tiempo. Las posiciones articulares deseadas están contenidas en *qd_1*, *qd_2*, *qd_3* y *qd_4*, y *Tem* se refiere al tiempo de muestreo, el cual será definido después en un archivo general de inicialización.

Sintonizando el controlador con los siguientes valores se obtiene errores articulares de menos de 1 mili radián. Se muestra además el archivo *inicio.m* que debe ser construido con el fin de inicializar las variables del proceso:

```
clear all;
clc;

% Tiempo de muestreo
Tem=0.001;

% Trayectoria deseada:
grado_cinco;

% Valores articulares iniciales para el SCARA:
QI = [0;0;0;0];

% Ganancias del controlador PID:
KP1=60000;
KV1=70;
KI1=0;

KP2=20000;
KV2=50;
KI2=0;
```

```
KP3=40000;
KV3=50;
KI3=0;

KP4=50000;
KV4=100;
KI4=0;
```

Los errores articulares obtenidos son:

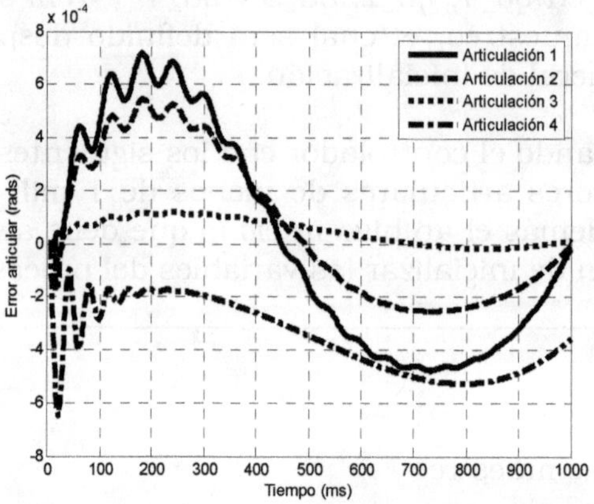

Figura 7.7. Error articular del control PID.

Ejercicio 7.1:

Sintonizar el controlador PID articular con el fin de obtener errores articulares menores de $3x10^{-4}$.

7.2.2 Simulación de un control CTC articular

El control CTC involucra el modelo de la planta, representado por el modelo dinámico inverso (archivo *scara_inverso1.m*). Teniendo las mismas consignas del caso anterior, el esquema de esta estrategia es:

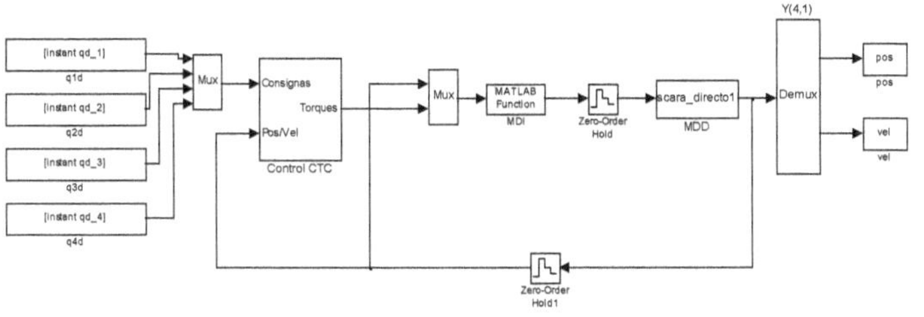

Figura 7.8. Esquema del control CTC articular.

El bloque MDI tiene 12 entradas: 4 posiciones, 4 velocidades y 4 aceleraciones. Por lo tanto al dar doble *click* sobre él debe colocarse el llamado a la función respectiva así:

scara_inverso1(u(1),u(2),u(3),u(4),u(5),u(6),u(7),u(8),u(9),u(10), u(11),u(12))

El bloque del control CTC es:

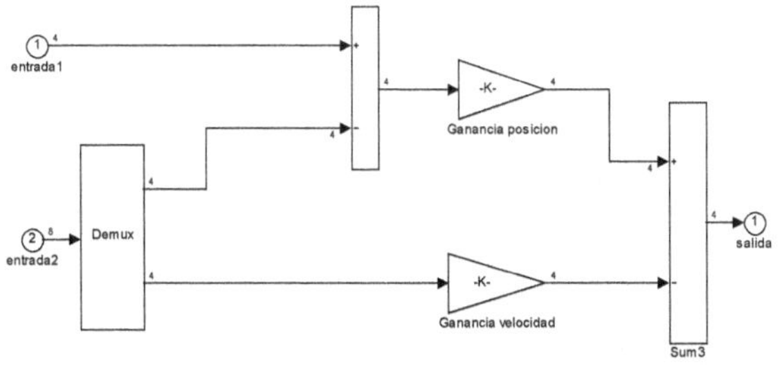

Figura 7.9. Esquema del bloque controlador CTC.

Sintonizando el controlador con los siguientes valores se obtiene errores articulares de menos de 15 mili radianes. El archivo *inicio.m* es el mismo que en el caso anterior, solamente cambian las ganancias de los controladores fijadas en los siguientes valores:

```
% Ganancias del controlador CTC:
KP1=2500000;
KV1=1300;

KP2=2400000;
KV2=1200;

KP3=2700000;
KV3=1400;

KP4=2500000;
KV4=1400;
```

Los errores articulares son:

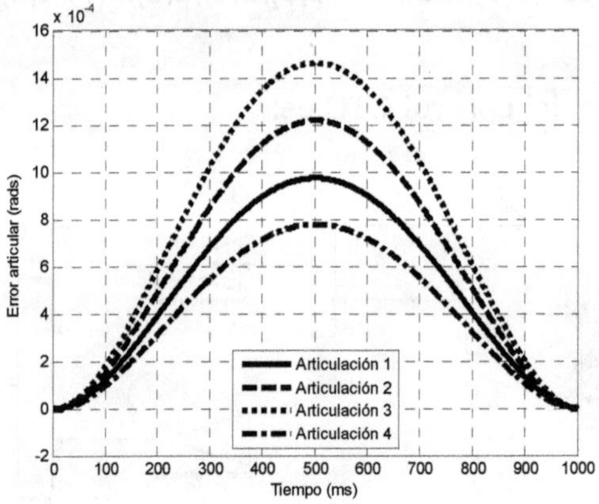

Figura 7.10. Error articular del control CTC.

Ejercicio 7.2:

Sintonizar el controlador CTC articular con el fin de obtener errores articulares menores de $5x10^{-4}$.

7.2.3 Simulación de un control PID cartesiano

La consigna deseada está definida ahora en el archivo *circular.m*, equivalente a un círculo de 5 centímetros de radio centrado en (0.4, 0.3). El esquema de sistema completo en Simulink® es:

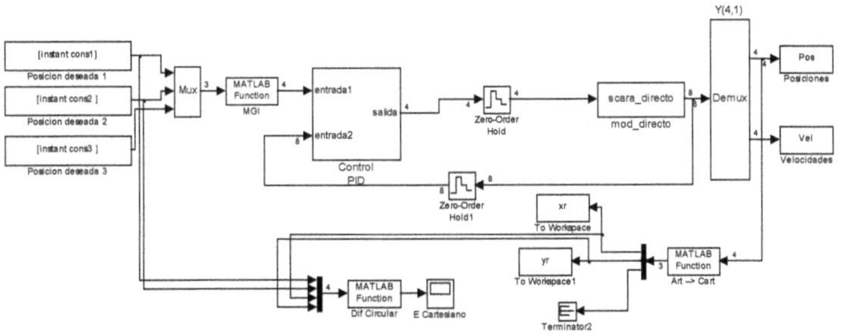

Figura 7.11. Esquema del control PID cartesiano.

El bloque del control PID es igual al del caso del control articular. Sin embargo para este nuevo controlador, la señal definida en el espacio cartesiano debe ser transformada al espacio articular por medio del bloque del modelo geométrico inverso (MGI). Es decir la señal de tres dimensiones de la consigna circular (x, y, z) se convertirá a una consigna articular en q_1, q_2, q_3 y q_4 para el robot SCARA. Al dar doble clic sobre la *MATLAB Fcn* del modelo geométrico inverso y dado que este bloque cuenta con tres entradas, se hace el llamado a la función respectiva así:

mgi_scara(u(1),u(2),u(3))

Es decir este bloque llama al archivo *mgi_scara.m*, el cual debe haber sido escrito con anterioridad. El archivo contiene el modelo geométrico inverso del SCARA, el cual se escribe:

```
function salida = mgi_scara(x1,x2,x3)

% Modelo geométrico inverso del SCARA de cuatro ejes:

% Valores constantes:
D2 = 0.5;
D3 = 0.3;
```

```
sy = 0;
sx = 1;

C2 = (x1^2 + x2^2 - D2^2 - D3^2)/(2*D2*D3);
B1 = D2 + D3*C2;

% Valor de la segunda articulación:
q2 = atan2((-sqrt(1 - C2^2)),C2);

B2 = D3*sin(q2);

S1 = (B1*x2 - B2*x1)/(B1^2 + B2^2);
C1 = (B1*x1 + B2*x2)/(B1^2 + B2^2);

% Valor de la primera articulación:
q1 = atan2(S1,C1);
% Valor de la tercera articulación:
q3 = atan2(sy,sx) - q2 - q1;
% Valor de la cuarta articulación:
q4 = x3;

salida = [q1 q2 q3 q4];
```

Igualmente esta estrategia de control debe involucrar el modelo geométrico directo (MGD), ya que las señales que entrega el robot son articulares y deben transformarse en señales cartesianas para ser comparadas con las consignas iniciales. En la *MATLAB Fcn* que contiene al MGD se escribe:

```
mgd_scara(u(1),u(2),u(3),u(4))
```

El archivo *mgd_scara.m* tiene el respectivo modelo:

```
function salida = mgd_scara(q1,q2,q3,q4)

% Modelo geométrico directo del SCARA de cuatro ejes:

% Valores constantes:
D2 = 0.5;
```

```
D3 = 0.3;

% Matriz de transformación 0T4 (modelo geométrico directo):

TTT = [cos(q1+q2+q3) -sin(q1+q2+q3) 0 (D3*cos(q1+q2) + D2*cos(q1));
sin(q1+q2+q3) cos(q1+q2+q3) 0 (D3*sin(q1+q2) + D2*sin(q1));
0 0 1 q4;
0 0 0 1];

% Valores de la cuarta columna:
xa = TTT(1,4);
ya = TTT(2,4);
za = TTT(3,4);

salida = [xa ya za];
```

Para hallar el error cartesiano se utiliza el bloque *Dif Circular*, el cual contiene el archivo *Diferencia.m*. En este archivo se realiza un cálculo del módulo de los errores cuadráticos en cada eje, entregando la diferencia entre el círculo deseado y el círculo obtenido. Su código es:

```
function dif = diferencia(a1,a2,a3,a4)

d=abs(sqrt((a1 - a3)^2 + (a2 - a4)^2));

dif = d;
```

Obsérvese que entran cuatro señales que deben ser correctamente conectadas:

a1: *x* deseada (*cons1* en el esquema).
a2: *y* deseada (*cons2* en el esquema).
a3: *x* obtenida (*xr* en el esquema).
a4: *y* obtenida (*yr* en el esquema).

Hay un aspecto muy importante a tener en cuenta con una consigna cartesiana. Como ella inicia en un punto específico del espacio de tres dimensiones, el robot no puede iniciar con una posición articular de [0; 0; 0; 0] radianes, pues esto implicaría que en un tiempo infinitesimal el robot salte de esa posición inicial en cero radianes hasta la posición articular definida para la trayectoria deseada. Por lo tanto se debe asegurar que el robot se ubique en la posición de inicio de la trayectoria deseada.

Sabiendo que la trayectoria circular inicia en la posición (0.4, 0.35) en la parte superior del círculo, a partir de MATLAB se puede hallar la posición articular inicial correspondiente así:

```
>> mgi_scara(0.4, 0.35, 0.5)
>> ans =

    1.3059 -1.7636 3.5992 0.5000
```

Esto significa que para iniciar la trayectoria circular definida, el robot se debe ubicar inicialmente en [1.3059; -1.7636; 3.5992; 0.5000] para evitar un salto perjudicial para la mecánica del mismo.

Otra forma de hallar estos valores es colocar un llamado al MGI directamente en el archivo de inicio y después de haber cargado la trayectoria deseada. Es decir primero se carga la consigna circular y después se coloca la siguiente línea de cálculo:

QI = mgi_scara(cons1(1),cons2(1),cons3(1))

El archivo *inicio.m* se escribe entonces:

```
% Inicio control PID SCARA 4 Ejes:

clear all
close all
clc
```

```
% Definición del tiempo de muestreo:

Tem = 0.001;

% Definición de la trayectoria:

circular;

% Definición del punto articular de inicio:

QI = [1.3059 -1.7636 3.5992 0.5000];

% Definición de las ganancias del controlador:

KP1=220000;
KV1=150;
KI1=1000;

KP2=280000;
KV2=170;
KI2=1000;

KP3=80000;
KV3=120;
KI3=1000;

KP4=200000;
KV4=250;
KI4=10000;
```

El error articular es:

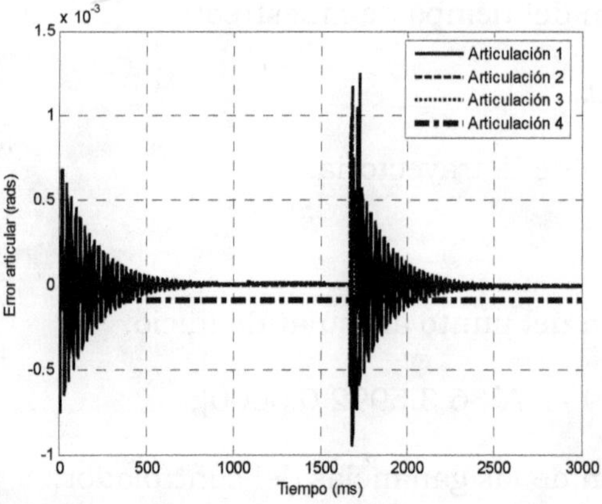

Figura 7.12. Error articular PID cartesiano.

En este caso se utilizan las gráficas del error articular para realizar una sintonía fina sobre cada articulación. Recordar que sobre el osciloscopio de MATLAB, la gráfica amarilla corresponde a la primera articulación, la fucsia a la segunda, la azul a la tercera y la roja a la cuarta. El error cartesiano es menor a 4.5×10^{-4} metros:

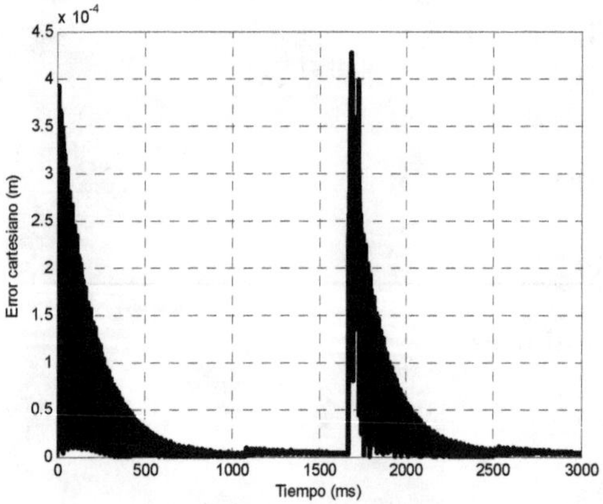

Figura 7.13. Error cartesiano PID cartesiano.

Con el siguiente comando se puede observar al mismo tiempo la consigna deseada y la consigna obtenida:

>> *plot(cons1,cons2);hold on;plot(xr,yr,'r')*

Esta orden lo que hace es dibujar en azul (color por defecto) la consigna deseada, y en rojo la señal obtenida (de ahí la letra r, *red*). Otros colores pueden ser g (*green*), k (*black*), c (*cyan*), etcétera.

Haciendo un zoom al inicio de la trayectoria se puede observar la diferencia entre las dos señales:

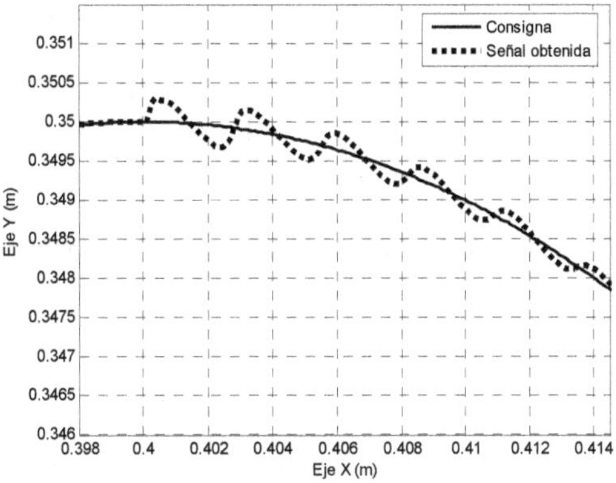

Figura 7.14. Consigna circular deseada y obtenida con el PID cartesiano.

<u>Ejercicio 7.3:</u>

Sintonizar el controlador PID cartesiano con el fin de obtener un error cartesiano menor de $1x10^{-4}$ metros (100 micras).

7.2.4 Simulación de un control CTC cartesiano

El control CTC involucra el modelo de la planta, representado por el modelo dinámico inverso (archivo *scara_inverso1.m*). Teniendo la misma consigna circular del caso anterior, el esquema de esta estrategia es:

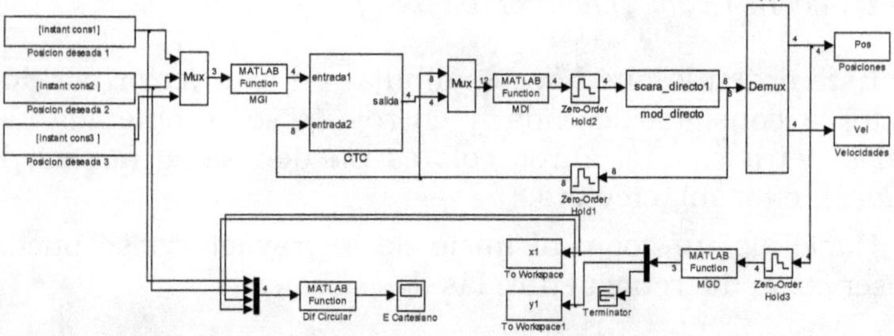

Figura 7.15. Esquema control CTC cartesiano.

El bloque MDI y el subsistema del control CTC son los mismos que los utilizados para el controlador CTC en el espacio articular. De nuevo la diferencia ahora está en las consignas (tres señales), que deben ser transformadas en consignas articulares (cuatro señales) a través del modelo geométrico inverso (MGI).

El archivo *inicio.m* es:

```
% Inicio control CTC SCARA 4 Ejes:

clear all
close all
clc

% Definición del tiempo de muestreo:

Tem = 0.001;

% Definición de la trayectoria:

circular;


% Definición del punto articular de inicio:

QI = [1.3059 -1.7636 3.5992 0.5000];

% Definición de las ganancias del controlador:
```

```
KP1=125000;
KV1=250;

KP2=140000;
KV2=200;

KP3=150000;
KV3=1000;

KP4=120000;
KV4=700;
```

El error articular es:

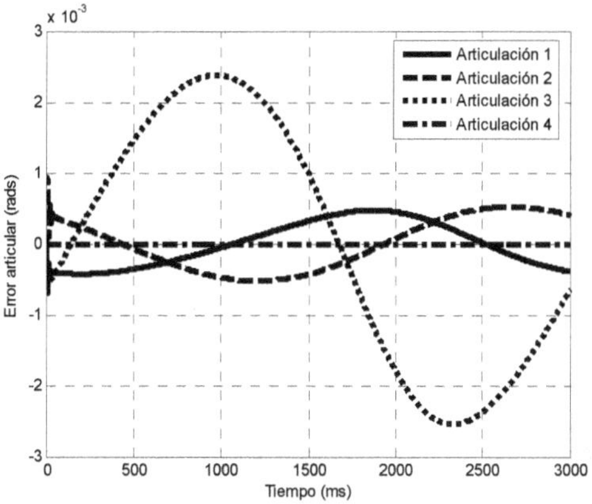

Figura 7.16. Error articular CTC cartesiano.

El error cartesiano es menor a $4x10^{-4}$ metros:

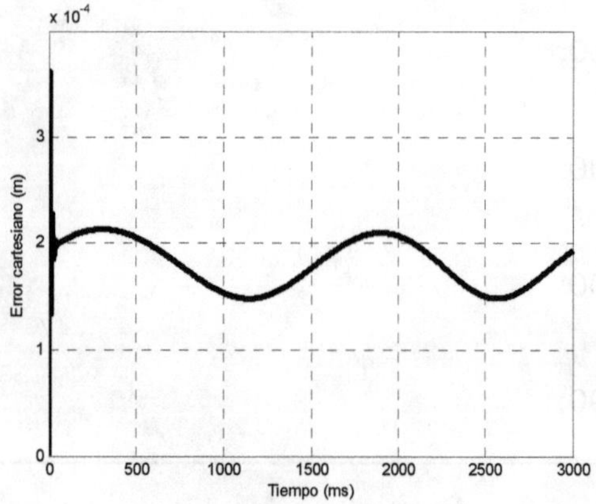

Figura 7.17. Error cartesiano CTC cartesiano.

Haciendo un zoom al inicio de la trayectoria se puede observar la diferencia entre las dos señales:

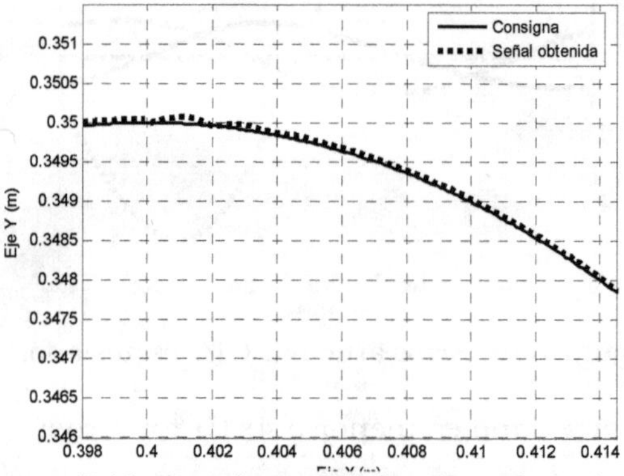

Figura 7.18. Consigna circular deseada y obtenida con el CTC cartesiano.

Ejercicio 7.4:

Sintonizar el controlador CTC cartesiano con el fin de obtener un error cartesiano menor de $1x10^{-4}$ metros (100 micras).

7.2.5 Simulación de un control CTC operacional

Como se vio en la parte teórica, este controlador no transforma las consignas cartesianas en consignas articulares, sino que directamente implementa el controlador en el espacio operacional o cartesiano. Esto implica utilizar varias funciones adicionales, implementadas todas en los bloques *MATLAB Fcn*. Estas funciones adicionales son:

<u>Jacobiana inversa</u>: Contenida en el archivo *Jinv.m*. Este archivo tiene 7 entradas: tres vectores de control (uno por cada dimensión) y las cuatro posiciones articulares de salida, las cuales son utilizadas para hallar la Jacobiana. El código es:

```
function salida = Jinv(w1,w2,w3,q1,q2,q3,q4)

% Inversa de la matriz Jacobiana, multiplicada por el vec-
tor de control:

q = [q1 q2 q4]';
w = [w1 w2 w3]';

D2 = 0.5;
D3 = 0.3;

t1 = q1;
t2 = q2;

% Matriz Jacobiana (3x3):

J = [-(D3*sin(t1+t2)+D2*sin(t1)) -D3*sin(t1+t2) 0;
 D3*cos(t1+t2)+D2*cos(t1) D3*cos(t1+t2) 0;
 0 0 -1];
% Inversa de la Jacobiana:

J1 = inv(J);

% Producto de la Jacobiana inversa por el vector w:
Producto = J1*w;
Vector = [Producto(1,1);Producto(2,1);0;Producto(3,1)];
```

```
salida = Vector;
```

Posición cartesiana: Contenida en el archivo *Xpunto.m*. El archivo tiene 8 entradas: cuatro posiciones articulares y cuatro velocidades articulares, todas tomadas desde la salida. Con las posiciones articulares se halla la Jacobiana y luego ésta se multiplica por el vector de velocidades articulares con el fin de obtener $\dot{X}$. El código es:

```
function salida = Xpunto(q1,q2,q3,q4,qp1,qp2,qp3,qp4)

% Velocidad cartesiana X mayúscula: incluye a x punto, y punto, z punto.

qp = [qp1 qp2 qp4]';

D2 = 0.5;
D3 = 0.3;

t1 = q1;
t2 = q2;

% Matriz Jacobiana (3x3):

J = [-(D3*sin(t1+t2)+D2*sin(t1)) -D3*sin(t1+t2) 0;
 D3*cos(t1+t2)+D2*cos(t1) D3*cos(t1+t2) 0;
 0 0 -1];

% Cálculo de Xpunto = J*Qpunto (modelo cinemático directo):

A = J*qp;

salida = A;
```

Derivada de la Jacobiana por la velocidad articular: Contenida en el archivo *JpQp.m.* El archivo tiene 8 entradas: cuatro posiciones articulares y cuatro velocidades articulares, todas tomadas desde la salida. La Jacobiana se obtiene gracias a las posiciones articulares y luego debe ser derivada. El código es:

```
function salida = JpQp(q1,q2,q3,q4,qp1,qp2,qp3,qp4)

% Multiplicación de Jpunto por Qpunto:

% Derivada de la matriz Jacobiana:

persistent JK_1;
if isempty(JK_1),
 JK_1 = zeros(3,3);
end

qp = [qp1 qp2 qp4]';

D2 = 0.5;
D3 = 0.3;

t1 = q1;
t2 = q2;

% Matriz Jacobiana (3x3):


J = [-(D3*sin(t1+t2)+D2*sin(t1)) -D3*sin(t1+t2) 0;
 D3*cos(t1+t2)+D2*cos(t1) D3*cos(t1+t2) 0;
 0 0 -1];

% Derivación numérica :

Jp = ((J - JK_1)/0.001);

% Actualización de la matriz J:

JK_1 = J;

% Cálculo de Jp*Qp:

A = Jp*qp;
```

```
salida = A;
```

El esquema en Simulink® de este controlador puede verse a continuación. Se recomienda compararlo detalladamente con aquel presentado en la parte teórica con el fin de comprender bien lo que se está implementando.

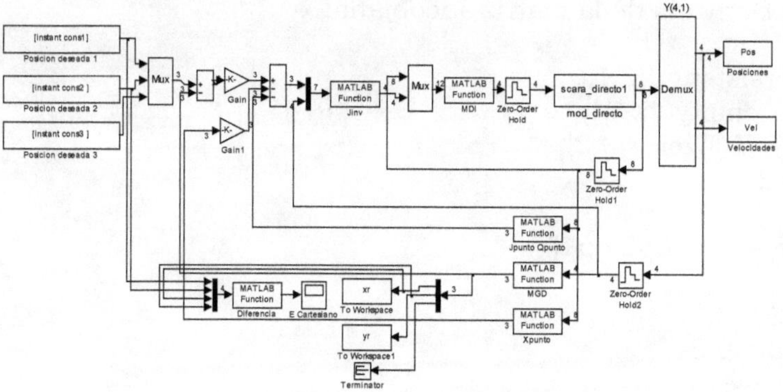

Figura 7.19. Esquema control CTC operacional.

El archivo *inicio.m* es similar al del control CTC cartesiano, utilizándose las siguientes ganancias del controlador:

```
KP1=125000;
KV1=250;

KP2=140000;
KV2=200;

KP3=150000;
KV3=1000;
```

Nota: Debido a la necesidad de calcular la matriz Jacobiana, este controlador no puede funcionar si los valores iniciales de las articulaciones están en cero radianes. Por lo tanto debe encontrarse el valor correcto o aproximado de QI antes de correr el programa en Simulink®. Es decir hallar QI como se hizo en los ejemplos del PID y del CTC cartesiano. Obsérvese que ahora se tienen tres ganancias proporcionales y tres derivativas, una por cada eje (*x*, *y*, *z*). La sintonización buscará entonces disminuir el error por cada eje y no por cada articulación, como se hacía antes. El error articular obtenido es:

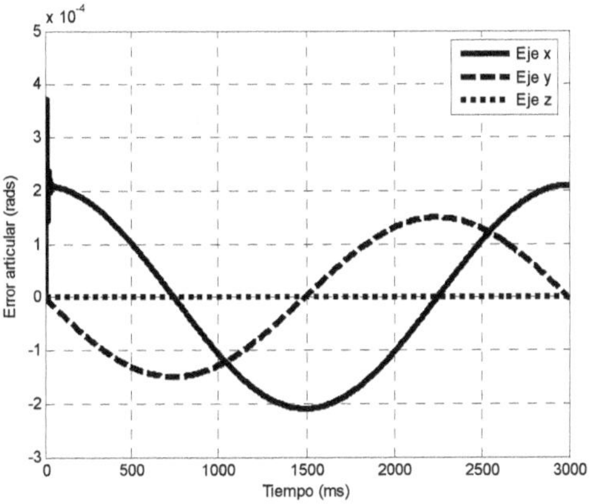

Figura 7.20. Error articular CTC operacional.

Con este controlador se obtiene un error cartesiano menor a $4x10^{-4}$ metros:

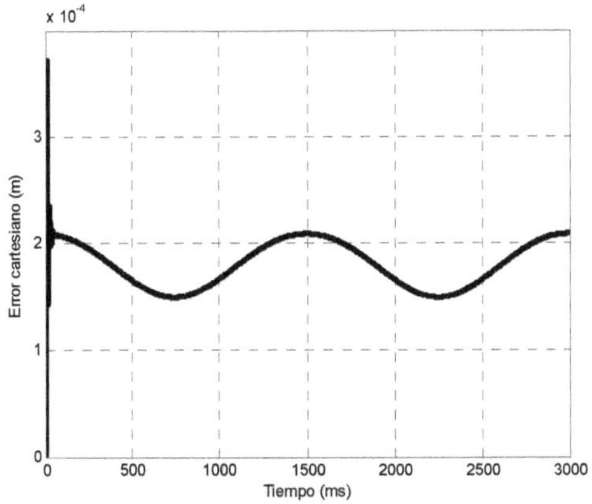

Figura 7.21. Error cartesiano CTC operacional.

Haciendo un zoom al inicio de la trayectoria se puede observar que la diferencia entre las dos señales es mínima. Este controlador es más preciso que el CTC cartesiano, ya que con los mismos valores de ganancias se obtiene un menor error. Sin embargo la complejidad del controlador aumenta considerablemente al involucrarse diversas funciones que trabajan la matriz Jacobiana.

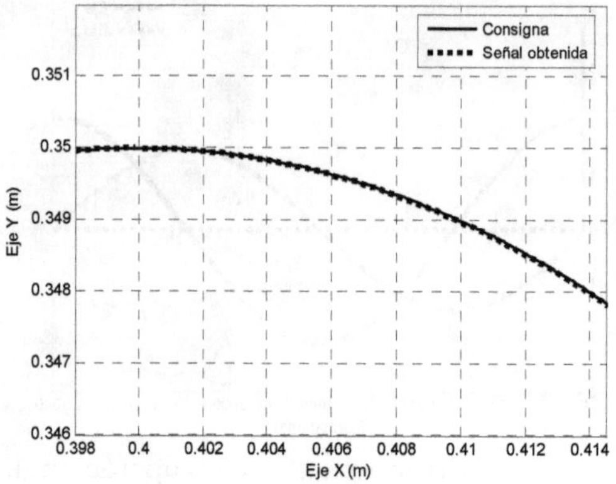

Figura 7.22. Consigna circular deseada y obtenida con el CTC operacional.

Ejercicio 7.5:

Sintonizar el controlador CTC operacional con el fin de obtener un error cartesiano menor de $1x10^{-4}$ metros (100 micras).

7.2.6 Simulación de una consigna lineal con cambio de dirección

En este caso la trayectoria deseada se llama lineal.m, y los esquemas de control PID y CTC son los mismos utilizados para el control cartesiano. Solamente se cambia en el archivo inicio.m, de consigna circular a consigna lineal, conservándose los valores de las ganancias en los dos casos.

El error cartesiano obtenido para el CTC en el cambio de dirección es de menos de $6x10^{-5}$ metros, estabilizándose en un valor fijo 100 milisegundos después. Esto puede observarse en la siguiente figura:

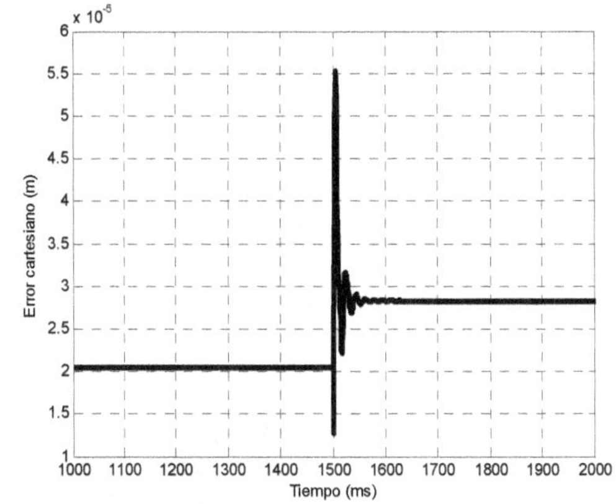

Figura 7.23. Error cartesiano en el cambio de dirección con el control CTC.

Realizando un zoom sobre el momento del cambio de dirección puede verse como el controlador rápidamente corrige y sigue la trayectoria deseada.

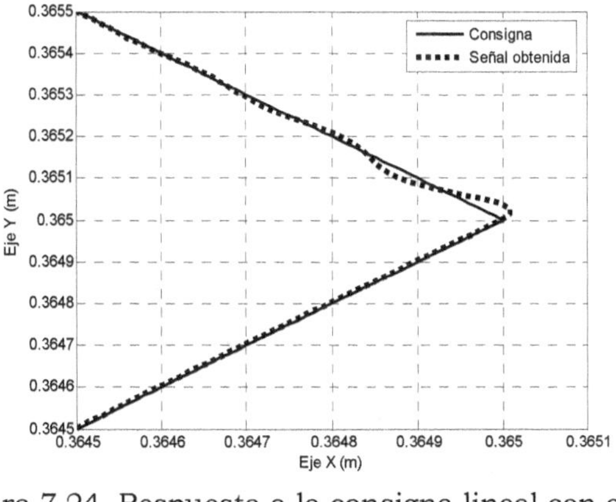

Figura 7.24. Respuesta a la consigna lineal con cambio de dirección con el control CTC.

El error cartesiano para el caso del PID es menor a $8x10^{-5}$ metros pero mucho más oscilatorio que el generado por el CTC, ya que en este caso todavía oscila 0.5 segundos después del cambio de dirección. Sin embargo, gracias a la acción integral, el error en estado estacionario es casi nulo antes del cambio de dirección mientras que para el CTC es cercano a los $2x10^{-5}$ metros.

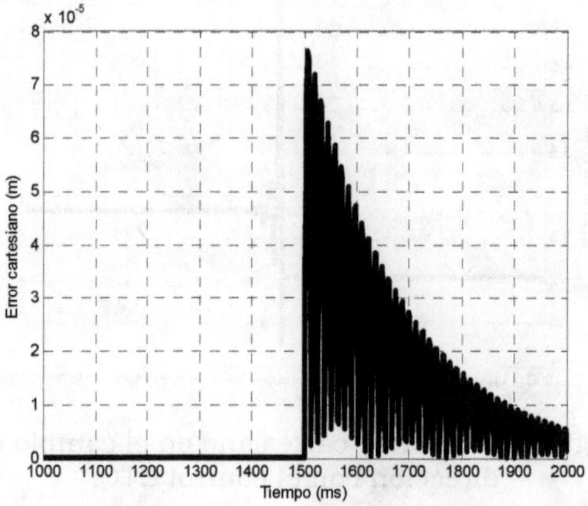

Figura 7.25. Error cartesiano en el cambio de dirección con el control PID.

La siguiente figura muestra un zoom sobre el momento del cambio en la dirección de la consigna deseada para el PID.

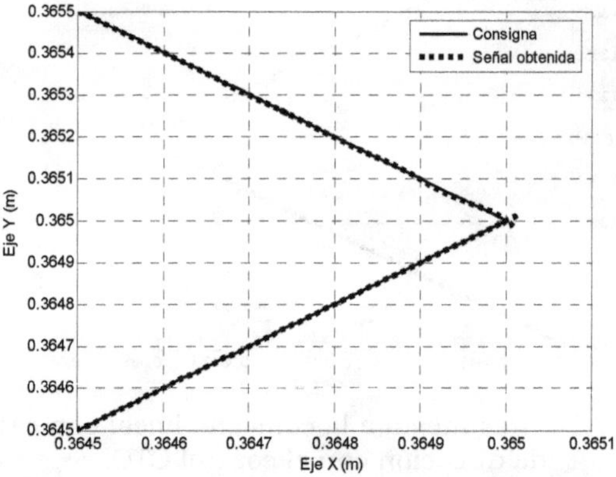

Figura 7.26. Respuesta a la consigna lineal con cambio de dirección con el control PID.

Ejercicio 7.6:

Sintonizar con el fin de disminuir a la mitad los errores cartesianos producidos por el PID y el CTC frente a una consigna lineal. Disminuir además el error en estado estacionario para el CTC y las oscilaciones para el PID.

7.2.7 Comportamiento frente a perturbaciones

Los controladores en robótica aparte de ser utilizados como seguidores de trayectoria (seis ejemplos vistos anteriormente), se utilizan también como reguladores, es decir sistemas que mantienen una posición fija determinada. Esto puede verse como un robot mantenido en una posición fija por unos instantes (por ejemplo mientras se carga algún tipo de material en una banda transportadora) y que en algún momento es sometido a una perturbación externa involuntaria (un accidente que arroja un peso sobre el robot). El controlador como regulador debe regresar rápidamente las articulaciones a su posición fija, produciendo el menor disturbio posible.

El siguiente ejemplo muestra el comportamiento del control CTC frente a una perturbación externa involuntaria, presentada a los 0.3 segundos de iniciada la simulación. La perturbación es un pulso de amplitud de 0.2 radianes aplicada a cada una de las cuatro articulaciones del robot SCARA. El esquema en Simulink® es:

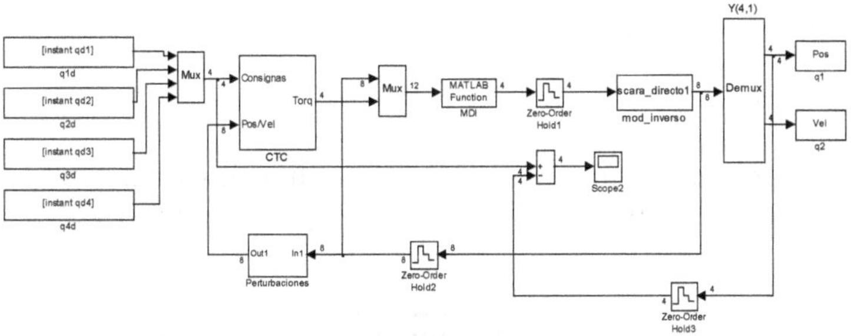

Figura 7.27. Esquema del control CTC como regulador.

Este esquema es el mismo utilizado para los controles articulares, solo que esta vez aparece un bloque de *Pertur-*

baciones encargado de introducir los disturbios externos. Este bloque contiene lo siguiente:

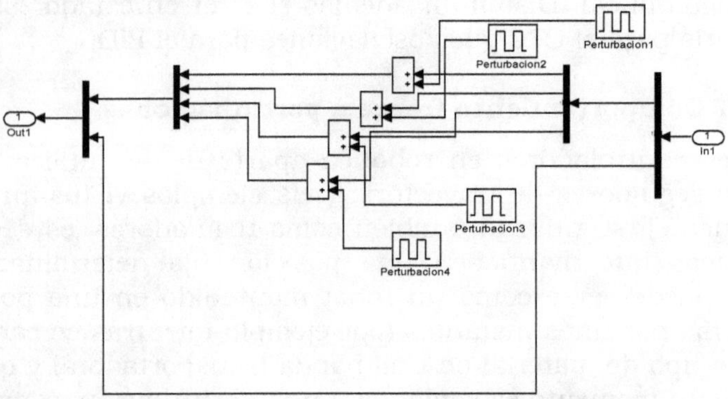

Figura 7.28. Esquema de simulación de las perturbaciones.

Las perturbaciones son inyectadas a las posiciones articulares de realimentación del sistema. Por el contrario los datos de velocidad se supone pasan sin inconveniente hacia la entrada. La perturbación se simula con un bloque *Pulse Generator* con los siguientes parámetros:

Pulse type: Time based
Time (t): use simulation time
Amplitude: 0.2
Periode (secs): 10
Pulse width (% of period): 0.1
Phase delay (secs): 0.3

El archivo *inicio_perturbacion.m* define las consignas fijas para cada una de las articulaciones del robot. El código es:

```
% Inicio regulador CTC para rechazo de perturbaciones:
clear all;
clc;

% Posiciones iniciales fijas:
```

```
QI=[1.2;0.7;0.5;0.2];

Tem = 0.001;
Tfinal = 1.0;

% Definición de la base de tiempo;

instant=[0:Tem:Tfinal-Tem]';

% Definición de los valores fijos de consignas:

qd1 = 1.2*ones(1000,1);
qd2 = 0.7*ones(1000,1);
qd3 = 0.5*ones(1000,1);
qd4 = 0.2*ones(1000,1);

% Ganancias del controlador:

KP1=125000;
KV1=250;

KP2=140000;
KV2=200;

KP3=150000;
KV3=1000;

KP4=120000;
KV4=700;
```

La siguiente figura muestra la perturbación sobre las cuatro articulaciones y como rápidamente, en alrededor de 150 milisegundos, las articulaciones vuelven a su posición de reposo.

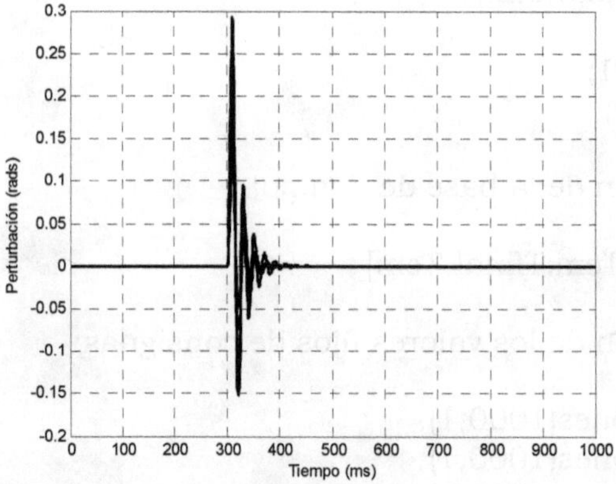

Figura 7.29. Respuesta a perturbaciones articulares del control CTC.

Ejercicio 7.7:

Implementar un controlador PID articular y sintonizar para rechazo de perturbaciones, con el fin de obtener un resultado similar al obtenido con el CTC articular.

7.2.8 Presencia de errores en el modelo

El éxito de un controlador basado en el modelo radica en un buen conocimiento de los valores de los parámetros dinámicos, lo que significa haber obtenido previamente buenos resultados a partir del proceso de identificación paramétrica. Pero una identificación perfecta no es posible, y siempre existirán diferencias entre el valor real de un parámetro y su valor identificado o supuesto.

Para evitar estas diferencias entre el modelo real y el modelo identificado o supuesto, se han diseñado una gran cantidad de soluciones que involucran controladores avanzados como el robusto, el adaptativo, el predictivo, etcétera. Sin embargo, a menos que para una aplicación industrial en particular se necesite mejorar notablemente los resultados obtenidos, el control por par calculado visto debería manejar bastante bien los errores presentes en el modelo.

En esta sección se verá el comportamiento de un control CTC cartesiano cuando existen errores del 50% en todos los valores de los parámetros dinámicos. Para esto se disminuye en un 50% los valores obtenidos en la Tabla 3. Los valores "erróneos" se colocan en el modelo dinámico inverso (archivo *scara_inverso1.m*), dejándose los valores reales en el modelo dinámico directo (archivo *scara_directo1.m*).

Se introducen como consignas a este controlador con errores en los parámetros, la consigna circular y la consigna lineal con cambio de dirección, vistas anteriormente. Las siguientes figuras muestran los nuevos errores cartesianos obtenidos.

La Figura muestra el nuevo error cartesiano frente a la consigna circular. Si se compara este resultado con la Figura puede verse que el error transitorio ha aumentado desde 3.5×10^{-4} m hasta casi 5×10^{-4} m, aunque el error estacionario no presenta cambios aparentes.

Para el caso de la consigna lineal con cambio de dirección, el nuevo error cartesiano llega hasta 8.5×10^{-5} m, mientras que anteriormente se había visto en la Figura que éste llegaba solo a 5.5×10^{-5} m. Además han aumentado ahora las oscilaciones.

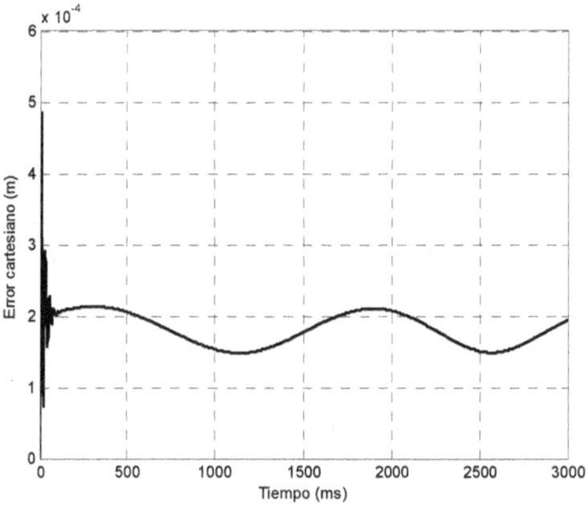

Figura 7.30. Error cartesiano CTC, incluyendo errores en el modelo.

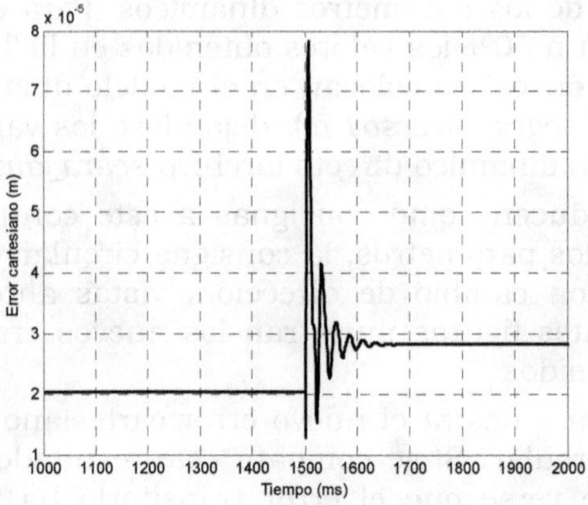

Figura 7.31. Error cartesiano CTC en el cambio de dirección, incluyendo errores en el modelo.

Los resultados expuestos muestran que el control por par calculado mantiene relativamente bien sus respuestas pese a la presencia de hasta un 50% de diferencia entre los valores reales y los estimados. Si esta diferencia pasa del 80% podrá verse que los errores cartesianos empiezan a ser importantes, y más del 100% de error producirá respuestas completamente oscilatorias. Es en este último caso, cuando el modelo del robot no es conocido con exactitud y la respuesta obtenida dista mucho de lo que se espera del sistema, cuando se debe recurrir a un controlador más complejo que tenga en cuenta esta situación. En principio un control robusto debería ser capaz de solucionar esta situación (Siciliano and Khatib, 2008).

<u>Ejemplo 7.1:</u> Implementar un control CTC articular para el robot de tres grados de libertad con la misma configuración de un robot PUMA.

El modelo dinámico inverso de este robot se desarrolló en el Ejemplo 4.3, lo mismo que su modelo dinámico directo (Ejemplo 4.4). Éste último se expresó de la siguiente manera:

$$\begin{bmatrix}\ddot{\boldsymbol{q}}_1\\ \ddot{\boldsymbol{q}}_2\\ \ddot{\boldsymbol{q}}_3\end{bmatrix}=\boldsymbol{A}^{-1}\begin{bmatrix}\boldsymbol{\Gamma}_1\\ \boldsymbol{\Gamma}_2-Q_2\\ \boldsymbol{\Gamma}_3-Q_3\end{bmatrix}=\begin{bmatrix}1/A_{11} & 0 & 0\\ 0 & A_{33}/B & -A_{23}/B\\ 0 & -A_{23}/B & A_{22}/B\end{bmatrix}\begin{bmatrix}\boldsymbol{\Gamma}_1\\ \boldsymbol{\Gamma}_2-Q_2\\ \boldsymbol{\Gamma}_3-Q_3\end{bmatrix}$$

Con:

$$B=A_{22}A_{33}-A_{23}^{2}$$
$$A_{11}=ZZR1+\mathrm{XXR2}S2^{2}+\mathrm{XXR3}S23^{2}-\mathrm{2MYR3}D3C2S23$$
$$A_{22}=\mathrm{ZZR2}+\mathrm{ZZR3}-\mathrm{2MYR3}D3S3$$
$$A_{33}=\mathrm{ZZR3}+\mathrm{IA3}$$
$$A_{12}=A_{21}=0$$
$$A_{13}=A_{31}=0$$
$$A_{23}=\mathrm{ZZR3}-\mathrm{MYR3}D3S3$$
$$Q_1=0$$
$$Q_2=-\mathrm{G3MXR2}C2+\mathrm{G3MY2}S2+\mathrm{G3MYR3}S23$$
$$Q_3=\mathrm{G3MYR3}S23$$

Para realizar la simulación de este robot debe crearse el modelo dinámico directo en una *S-Function* de MATLAB®. Abrir para esto el archivo *scara_directo1.m* y en él se creará el nuevo modelo para el PUMA de tres grados de libertad, cambiándole el nombre por *puma_directo.m*. En este caso como el robot tiene tres grados de libertad, el número de entradas es tres, de salidas es seis (tres posiciones y tres velocidades), y el número de estados igualmente seis. En el archivo abierto cambiar las siguientes líneas:

Línea 56:

```
function [sys,x0,str,ts]=mdlInitializeSizes(QI)

sizes = simsizes;
sizes.NumContStates = 6;
sizes.NumDiscStates = 0;
sizes.NumOutputs = 6;
sizes.NumInputs = 3;
```

```
sizes.DirFeedthrough = 0;
sizes.NumSampleTimes = 1;
```

El vector x0 define los valores iniciales de los estados definidos. Para las posiciones son los valores definidos para QI en el archivo de inicio respectivo y para las velocidades es cero, con el fin de asegurar continuidad en estas señales.

Línea 73:

```
x0=[QI(1);QI(2);QI(3);0;0;0];
```

Se colocan los valores de los parámetros geométricos y dinámicos que aparecen en las ecuaciones del modelo dinámico inverso:

Línea 93:

```
G3=9.81;
D3=0.4;
ZZR1=4.25;
ZZR2=1.25;
ZZR3=0.58;
XXR2=0.90;
XXR3=0.40;
MXR2=0.35;
MY2=0.05;
MYR3=0.10;
IA3=0.040;
```

Se definen luego las entradas (cuplas $\boldsymbol{\Gamma}$) y los estados del sistema de $x(1)$ a $x(6)$, donde los tres primeros son posiciones articulares y los tres siguientes las velocidades articulares (QP_i):

```
GAM1=u(1);
GAM2=u(2);
GAM3=u(3);

S1=sin(x(1));
```

```
C1=cos(x(1));
S2=sin(x(2));
C2=cos(x(2));
S3=sin(x(3));
C3=cos(x(3));

QP1=x(4);
QP2=x(5);
QP3=x(6);
```

Posteriormente se deben escribir las ecuaciones del modelo dinámico directo así:

```
A11=ZZR1+XXR2*S2^2+XXR3*S23^2-2*MYR3*D3*C2*S23;
A22=ZZR2+ZZR3-2*MYR3*D3*S3;
A33=ZZR3+IA3;
A23=ZZR3-MYR3*D3*S3;
Q2=-G3*MXR2*C2+G3*MY2*S2+G3*MYR3*S23;
Q3=G3*MYR3*S23;
B=A22*A33-A23^2;

QDP1 = 1/A11+GAM1;
QDP2 = (A33/B)*(GAM2-Q2)-(A23/B)*(GAM3-Q3);
QDP3 = -(A23/B)*(GAM2-Q2)+(A22/B)*(GAM3-Q3);
```

Finalmente se describen y organizan las salidas del sistema:

```
sys(1) = x(4) ;
sys(2) = x(5) ;
sys(3) = x(6) ;
sys(4) = QDP1;
sys(5) = QDP2;
sys(6) = QDP3;


% end mdlDerivatives
% mdlOutputs
% Return the block outputs.
```

```
function sys=mdlOutputs(t,x,u)

 sys(1) = x(1);
 sys(2) = x(2);
 sys(3) = x(3);
 sys(4) = x(4);
 sys(5) = x(5);
 sys(6) = x(6);
```

Se utiliza el mismo esquema del control PID articular visto anteriormente, con el siguiente archivo de inicio:

```
clear all
clc

Tem = 0.001;

grado_cinco;

QI = [0;0;0];

KP1=80000;
KV1=100;
KI1=0;

KP2=80000;
KV2=100;
KI2=0;

KP3=80000;
KV3=100;
KI3=0;
```

Los errores articulares que se obtienen con estos valores de ganancia son:

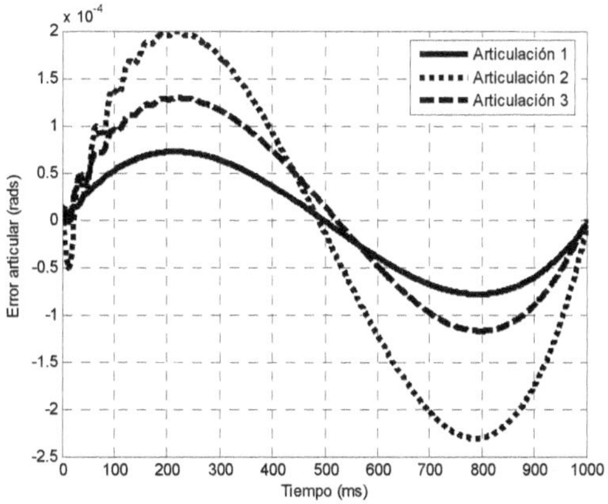

Figura 7.32. Error articular del control PID para el PUMA de tres grados de libertad.

Si por el contrario se quiere implementar un control CTC, es necesario en una *MATLAB Fcn* describir el modelo dinámico inverso del robot. La ecuación que describe este modelo se vio anteriormente y tiene la siguiente forma:

$$\begin{bmatrix} \boldsymbol{\Gamma}_1 \\ \boldsymbol{\Gamma}_2 \\ \boldsymbol{\Gamma}_3 \end{bmatrix} = \begin{bmatrix} A_{11} & 0 & 0 \\ 0 & A_{22} & A_{23} \\ 0 & A_{23} & A_{33} \end{bmatrix} \begin{bmatrix} \ddot{\boldsymbol{q}}_1 \\ \ddot{\boldsymbol{q}}_2 \\ \ddot{\boldsymbol{q}}_3 \end{bmatrix} + \begin{bmatrix} 0 \\ Q_2 \\ Q_3 \end{bmatrix}$$

Se construye entonces el archivo *puma_inverso.m* así:

```
function GAM =
puma_inverso(pos1,pos2,pos3,vel1,vel2,vel3,w1,w2,w3)

% Definición de los parámetros geométricos y dinámicos:
G3=9.81;
D3=0.4;
ZZR1=4.25;
ZZR2=1.25;
ZZR3=0.58;
XXR2=0.90;
XXR3=0.40;
MXR2=0.35;
MY2=0.05;
```

```
MYR3=0.10;
IA3=0.040;

% Definición de las entradas del sistema:
S1=sin(pos1);
C1=cos(pos1);
S2=sin(pos2);
C2=cos(pos2);
S3=sin(pos3);
C3=cos(pos3);
S23=sin(pos2+pos3);
C23=cos(pos2+pos3);

QP1=vel1;
QP2=vel2;
QP3=vel3;
QDP1=w1;
QDP2=w2;
QDP3=w3;

% Definición de la matriz de inercia:
A11=ZZR1+XXR2*S2^2+XXR3*S23^2-2*MYR3*D3*C2*S23;
A22=ZZR2+ZZR3-2*MYR3*D3*S3;
A33=ZZR3+IA3;
A23=ZZR3-MYR3*D3*S3;
Q2=-G3*MXR2*C2+G3*MY2*S2+G3*MYR3*S23;
Q3=G3*MYR3*S23;
B=A22*A33-A23^2;

% Modelo dinámico inverso:
GAM1 = A11*QDP1;
GAM2 = A22*QDP2 + A23*QDP3 + Q2;
GAM3 = A23*QDP3 + A33*QDP3 + Q3;

% Salidas finales:
GAM(1) = GAM1;
GAM(2) = GAM2;
GAM(3) = GAM3;
```

Con este procedimiento, construyendo el modelo dinámico directo en una *S-Function* (y eventualmente el modelo dinámico inverso en una *MATLAB Fcn*), y siguiendo los pasos vistos en este ejemplo, se puede simular cualquier robot tipo serie partiendo de la definición de los ejes y la tabla de parámetros geométricos hasta llegar al modelo dinámico directo, base principal de la simulación.

Ejercicio 7.8:

1) Implementar un controlador PID articular y utilizar como consigna una trayectoria tipo Bang-bang (archivo *bang-bang.m* en la página Web *www.ai.unicauca.edu.co/Robotica*). Sintonizar para obtener un error articular menor a 300 micras ($3x10^{-4}$ metros).

2) Implementar un control CTC cartesiano y utilizar como consigna un círculo de 2 centímetros de diámetro, realizado en 2 segundos y con centro en (0.35, -0.35). Sintonizar para obtener un error cartesiano menor a 100 micras ($1x10^{-4}$ metros).

3) Implementar un control PID cartesiano y utilizar una consigna lineal con cambio de dirección, realizada en 1 segundo e iniciando en el punto (-0.4, -0.4). Sintonizar para obtener un error cartesiano de máximo 100 micras ($1x10^{-4}$ metros) en el momento del cambio de dirección.

4) Implementar un control CTC operacional utilizando una consigna elipsoidal (amplitud de la señal seno igual a 0.02 m; amplitud de la señal coseno igual a 0.001 m), centrada en (0.4, 0.4) y realizada en 3 segundos. Sintonizar para obtener un error cartesiano menor a 100 micras ($1x10^{-4}$ metros).

8. Ejercicios resueltos

A continuación se presenta la solución de buena parte de los ejercicios propuestos.

Ejercicio 1.1:

a)

$$^{i}\boldsymbol{T}_{j} = \begin{bmatrix} 0 & 0 & 1 & 3 \\ -1 & 0 & 0 & 5 \\ 0 & -1 & 0 & 5 \\ 0 & 0 & 0 & 1 \end{bmatrix}$$

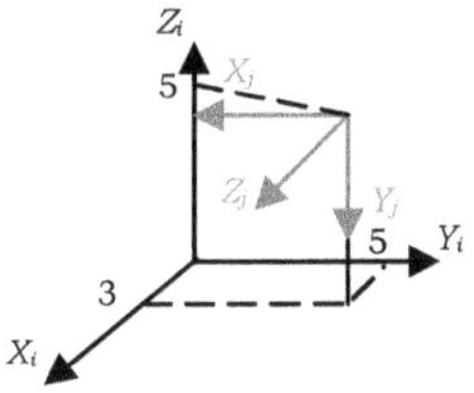

Ejercicio 2.1:

a)

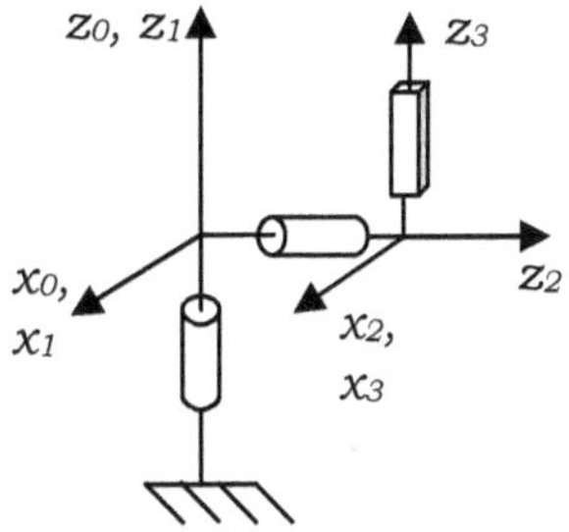

j	σ_j	α_j	d_j	θ_j	r_j
1	0	0	0	θ_1	0
2	0	-90°	0	θ_2	$R2$
3	1	90°	0	0	$r3$

b)

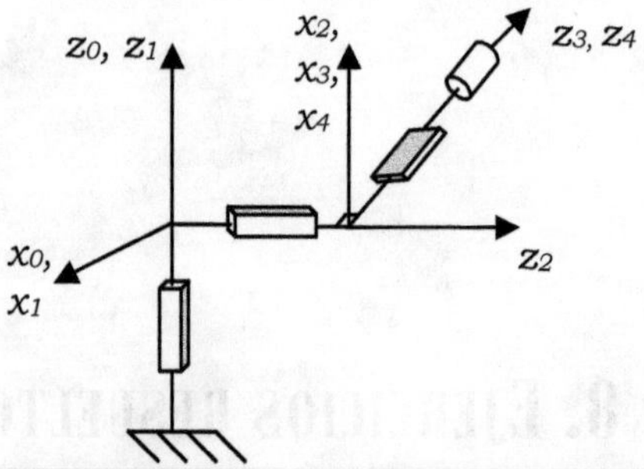

j	σ_j	α_j	d_j	θ_j	r_j
1	1	0	0	0	$r1$
2	1	-90°	0	-90°	$r2$
3	1	90°	0	0	$r3$
4	0	0	0	$\theta 4$	0

d)

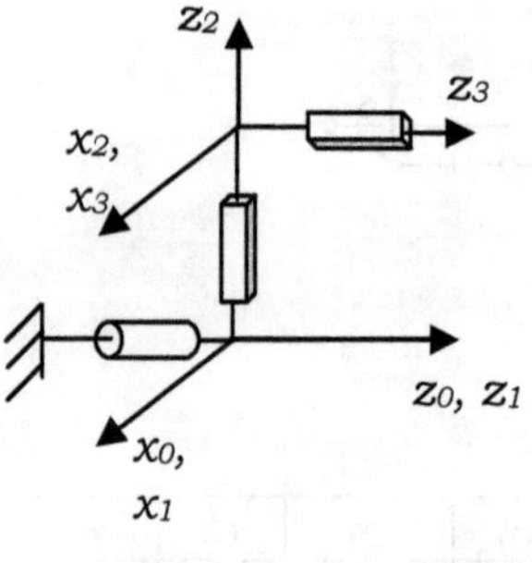

j	σ_j	α_j	d_j	θ_j	r_j
1	0	0	0	θ_1	0
2	1	90°	0	0	$r2$
3	1	-90°	0	0	$r3$

Ejercicio 2.2:

a)

$$
{}^{0}\boldsymbol{T}_1 = \begin{bmatrix} C1 & -S1 & 0 & 0 \\ S1 & C1 & 0 & 0 \\ 0 & 0 & 1 & 0 \\ 0 & 0 & 0 & 1 \end{bmatrix}; \ {}^{1}\boldsymbol{T}_2 = \begin{bmatrix} C2 & -S2 & 0 & 0 \\ 0 & 0 & 1 & R2 \\ -S2 & -C2 & 0 & 0 \\ 0 & 0 & 0 & 1 \end{bmatrix};
$$

$$
{}^{2}\boldsymbol{T}_3 = \begin{bmatrix} 1 & 0 & 0 & 0 \\ 0 & 0 & -1 & -r3 \\ 0 & 1 & 0 & 0 \\ 0 & 0 & 0 & 1 \end{bmatrix}
$$

$$
{}^{0}\boldsymbol{T}_3 = \begin{bmatrix} C1C2 & -S1 & C1S2 & C1S2r3 - S1R2 \\ S1C2 & C1 & S1S2 & S1S2r3 + C1R2 \\ -S2 & 0 & C2 & C2r3 \\ 0 & 0 & 0 & 1 \end{bmatrix}
$$

b)

$$
{}^{0}\boldsymbol{T}_1 = \begin{bmatrix} 1 & 0 & 0 & 0 \\ 0 & 1 & 0 & 0 \\ 0 & 0 & 1 & r1 \\ 0 & 0 & 0 & 1 \end{bmatrix}; \ {}^{1}\boldsymbol{T}_2 = \begin{bmatrix} 0 & 1 & 0 & 0 \\ 0 & 0 & 1 & r2 \\ 1 & 0 & 0 & 0 \\ 0 & 0 & 0 & 1 \end{bmatrix};
$$

$$
{}^{2}\boldsymbol{T}_3 = \begin{bmatrix} 1 & 0 & 0 & 0 \\ 0 & 0 & -1 & -r3 \\ 0 & 1 & 0 & 0 \\ 0 & 0 & 0 & 1 \end{bmatrix}; \ {}^{3}\boldsymbol{T}_4 = \begin{bmatrix} C4 & -S4 & 0 & 0 \\ S4 & C4 & 0 & 0 \\ 0 & 0 & 1 & 0 \\ 0 & 0 & 0 & 1 \end{bmatrix}
$$

$$
{}^{0}\boldsymbol{T}_4 = \begin{bmatrix} 0 & 0 & -1 & -r3 \\ S4 & C4 & 0 & r2 \\ C4 & -S4 & 0 & r1 \\ 0 & 0 & 0 & 1 \end{bmatrix}
$$

d)

$$
{}^{0}\boldsymbol{T}_1 = \begin{bmatrix} C1 & -S1 & 0 & 0 \\ S1 & C1 & 0 & 0 \\ 0 & 0 & 1 & 0 \\ 0 & 0 & 0 & 1 \end{bmatrix}; \; {}^{1}\boldsymbol{T}_2 = \begin{bmatrix} 1 & 0 & 0 & 0 \\ 0 & 0 & -1 & -r2 \\ 0 & 1 & 0 & 0 \\ 0 & 0 & 0 & 1 \end{bmatrix};
$$

$$
{}^{2}\boldsymbol{T}_3 = \begin{bmatrix} 1 & 0 & 0 & 0 \\ 0 & 0 & 1 & r3 \\ 0 & -1 & 0 & 0 \\ 0 & 0 & 0 & 1 \end{bmatrix}
$$

$$
{}^{0}\boldsymbol{T}_3 = \begin{bmatrix} C1 & -S1 & 0 & S1r2 \\ S1 & C1 & 0 & -C1r2 \\ 0 & 0 & 1 & r3 \\ 0 & 0 & 0 & 1 \end{bmatrix}
$$

Ejercicio 2.3:

a) $\boldsymbol{U}_0 = {}^{0}\boldsymbol{T}_1 \, {}^{1}\boldsymbol{T}_2 \, {}^{2}\boldsymbol{T}_3$

Primera iteración de Paul:

$${}^{1}\boldsymbol{T}_0 \boldsymbol{U}_0 = {}^{1}\boldsymbol{T}_3$$

Comparando las cuartas columnas de cada lado:

$$
\begin{aligned}
&C1Px + S1Py = S2r3 \\
&-S1Px + C1Py = R2 \\
&Pz = C2r3
\end{aligned}
$$

No es evidente el despeje que se deba realizar. Por lo tanto se ensaya con la segunda iteración:

$${}^{2}\boldsymbol{T}_1 \, {}^{1}\boldsymbol{T}_0 \boldsymbol{U}_0 = {}^{2}\boldsymbol{T}_3$$

Comparando las cuartas columnas de cada lado:

$$C1C2Px + S1C2Py - S2Pz = 0$$
$$-C1S2Px - S1S2Py - C2Pz = -r3$$
$$-S1Px + C1Py - R2 = 0$$

Tampoco es clara la solución de cualquiera de las ecuaciones. Se procede entonces a analizar los valores de las matrices de orientación de la primera iteración:

$$\begin{bmatrix} C1sx + S1sy & C1nx + S1ny & C1ax + S1ay \\ -S1sx + C1sy & -S1nx + C1ny & -S1ax + C1ay \\ sz & nz & az \end{bmatrix} = \begin{bmatrix} C2 & 0 & S2 \\ 0 & 1 & 0 \\ -S2 & 0 & C2 \end{bmatrix}$$

Igualando los términos (1,2) a cada lado se obtiene:

$$C1nx + S1ny = 0$$

Luego: $\theta_1 = \operatorname{atan}(-nx, ny)$

Para hallar $r3$ se toman de nuevo las ecuaciones de las cuartas columnas de la primera iteración:

$$C1Px + S1Py = S2r3$$
$$Pz = C2r3$$

Haciendo $B1 = C1Px + S1Py$, las ecuaciones anteriores se reescriben como:

$$B1 = S2r3$$
$$Pz = C2r3$$

Elevando al cuadrado y sumando:

$$B1^2 + Pz^2 = r3^2$$

Luego: $r3 = \sqrt{B1^2 + Pz^2}$

Finalmente para θ_2:

$$S2 = B1 / r3$$
$$C2 = Pz / r3$$

Obteniéndose θ_2 = atan($S2, C2$)

b) $\boldsymbol{U}_0 = {}^0\boldsymbol{T}_1\, {}^1\boldsymbol{T}_2\, {}^2\boldsymbol{T}_3\, {}^3\boldsymbol{T}_4$

Primera iteración de Paul:

$${}^1\boldsymbol{T}_0 \boldsymbol{U}_0 = {}^1\boldsymbol{T}_4$$

Comparando las cuartas columnas de cada lado:

$$Px = -r3$$
$$Py = r2$$
$$Pz - r1 = 0$$

Por lo tanto:

r1 = Pz
r2 = Py
r3 = –Px

De la primera iteración con la matriz de orientación (${}^1\boldsymbol{T}_0 \boldsymbol{U}_0 = {}^1\boldsymbol{T}_4$) se obtiene:

$$\begin{bmatrix} sx & nx & ax \\ sy & ny & ay \\ sz & nz & az \end{bmatrix} = \begin{bmatrix} 0 & 0 & -1 \\ S4 & C4 & 0 \\ C4 & -S4 & 0 \end{bmatrix}$$

Entonces una solución para θ_4 podría ser:

θ_4 = atan(sy, ny)

d) $\boldsymbol{U}_0 = {}^0\boldsymbol{T}_1\, {}^1\boldsymbol{T}_2\, {}^2\boldsymbol{T}_3$

Primera iteración de Paul:

$$^{1}\boldsymbol{T}_0 \boldsymbol{U}_0 = {}^{1}\boldsymbol{T}_3$$

Comparando las cuartas columnas de cada lado:

$$C1Px + S1Py = 0$$
$$-S1Px + C1Py = -r2$$
$$Pz = r3$$

Luego:

$\theta_1 = \text{atan}(-Px, Py)$
$r2 = (S1Px - C1Py)$
$r3 = Pz$

<u>Ejercicio 3.1:</u>

a) La matriz Jacobiana estará definida como:

$$^{0}\boldsymbol{J}_3 = \begin{bmatrix} -{}^{1}P_{3y}\,{}^{0}\boldsymbol{s}_1 + {}^{1}P_{3x}\,{}^{0}\boldsymbol{n}_1 & -{}^{2}P_{3y}\,{}^{0}\boldsymbol{s}_2 + {}^{2}P_{3x}\,{}^{0}\boldsymbol{n}_2 & {}^{0}\boldsymbol{a}_3 \\ {}^{0}\boldsymbol{a}_1 & {}^{0}\boldsymbol{a}_2 & \mathbf{0} \end{bmatrix}$$

Nótese que la tercera columna tiene una expresión diferente ya que la articulación es prismática. Se tienen en total seis vectores, la solución para cada uno de ellos es:

Primera columna:

$$-{}^{1}P_{3y}\,{}^{0}\boldsymbol{s}_1 + {}^{1}P_{3x}\,{}^{0}\boldsymbol{n}_1 = -(R2)\begin{bmatrix} C1 \\ S1 \\ 0 \end{bmatrix} + (S2r3)\begin{bmatrix} -S1 \\ C1 \\ 0 \end{bmatrix}$$

$$= \begin{bmatrix} -R2C1 - S1S2r3 \\ -R2S1 + C1S2r3 \\ 0 \end{bmatrix}$$

$$^{0}\boldsymbol{a}_1 = \begin{bmatrix} 0 \\ 0 \\ 1 \end{bmatrix}$$

Segunda columna:

$$-{}^{2}P_{3y}\,{}^{0}\boldsymbol{s}_2 + {}^{2}P_{3x}\,{}^{0}\boldsymbol{n}_2 = -(-r3)\begin{bmatrix} C1C2 \\ S1C2 \\ -S2 \end{bmatrix} + (0)\begin{bmatrix} -C1S2 \\ -S1S2 \\ -C2 \end{bmatrix} = \begin{bmatrix} r3C1C2 \\ r3S1C2 \\ -r3S2 \end{bmatrix}$$

$${}^{0}\boldsymbol{a}_2 = \begin{bmatrix} -S1 \\ C1 \\ 0 \end{bmatrix}$$

Tercera columna:

$${}^{0}\boldsymbol{a}_3 = \begin{bmatrix} C1S2 \\ S1S2 \\ C2 \end{bmatrix} ; \ \mathbf{0} = \begin{bmatrix} 0 \\ 0 \\ 0 \end{bmatrix}$$

Luego el modelo cinemático directo puede expresarse como:

$$\begin{bmatrix} \dot{\boldsymbol{x}} \\ \dot{\boldsymbol{y}} \\ \dot{\boldsymbol{z}} \\ \boldsymbol{\omega}_x \\ \boldsymbol{\omega}_y \\ \boldsymbol{\omega}_z \end{bmatrix} = \begin{bmatrix} -R2C1 - S1S2r3 & r3C1C2 & C1S2 \\ -R2S1 + C1S2r3 & r3S1C2 & S1S2 \\ 0 & -r3S2 & C2 \\ 0 & -S1 & 0 \\ 0 & C1 & 0 \\ 1 & 0 & 0 \end{bmatrix} \begin{bmatrix} \dot{\boldsymbol{q}}_1 \\ \dot{\boldsymbol{q}}_2 \\ \dot{\boldsymbol{q}}_3 \end{bmatrix}$$

b) La matriz Jacobiana estará definida como:

$${}^{0}\boldsymbol{J}_4 = \begin{bmatrix} {}^{0}\boldsymbol{a}_1 & {}^{0}\boldsymbol{a}_2 & {}^{0}\boldsymbol{a}_3 & -{}^{4}P_{4y}\,{}^{0}\boldsymbol{s}_4 + {}^{4}P_{4x}\,{}^{0}\boldsymbol{n}_4 \\ \mathbf{0} & \mathbf{0} & \mathbf{0} & {}^{0}\boldsymbol{a}_4 \end{bmatrix}$$

Se tienen en total ocho vectores, la solución para cada uno de ellos es:

Primera columna:

$$^{0}\boldsymbol{a}_1 = \begin{bmatrix} 0 \\ 0 \\ 1 \end{bmatrix}; \quad \mathbf{0} = \begin{bmatrix} 0 \\ 0 \\ 0 \end{bmatrix}$$

Segunda columna:

$$^{0}\boldsymbol{a}_2 = \begin{bmatrix} 0 \\ 1 \\ 0 \end{bmatrix}; \quad \mathbf{0} = \begin{bmatrix} 0 \\ 0 \\ 0 \end{bmatrix}$$

Tercera columna:

$$^{0}\boldsymbol{a}_3 = \begin{bmatrix} -1 \\ 0 \\ 0 \end{bmatrix}; \quad \mathbf{0} = \begin{bmatrix} 0 \\ 0 \\ 0 \end{bmatrix}$$

Cuarta columna:

$$-{}^{4}P_{4y}\,{}^{0}\boldsymbol{s}_4 + {}^{4}P_{4x}\,{}^{0}\boldsymbol{n}_4 = -(0)\begin{bmatrix} 0 \\ S4 \\ C4 \end{bmatrix} + (0)\begin{bmatrix} 0 \\ C4 \\ -S4 \end{bmatrix} = \begin{bmatrix} 0 \\ 0 \\ 0 \end{bmatrix}$$

$$^{0}\boldsymbol{a}_4 = \begin{bmatrix} -1 \\ 0 \\ 0 \end{bmatrix}$$

El modelo cinemático directo puede expresarse como:

$$\begin{bmatrix} \dot{\boldsymbol{x}} \\ \dot{\boldsymbol{y}} \\ \dot{\boldsymbol{z}} \\ \boldsymbol{\omega}_x \\ \boldsymbol{\omega}_y \\ \boldsymbol{\omega}_z \end{bmatrix} = \begin{bmatrix} 0 & 0 & -1 & 0 \\ 0 & 1 & 0 & 0 \\ 1 & 0 & 0 & 0 \\ 0 & 0 & 0 & -1 \\ 0 & 0 & 0 & 0 \\ 0 & 0 & 0 & 0 \end{bmatrix} \begin{bmatrix} \dot{\boldsymbol{q}}_1 \\ \dot{\boldsymbol{q}}_2 \\ \dot{\boldsymbol{q}}_3 \\ \dot{\boldsymbol{q}}_4 \end{bmatrix}$$

d) La matriz Jacobiana estará definida como:

$$ {}^{0}\boldsymbol{J}_3 = \begin{bmatrix} -{}^{1}P_{3y}\,{}^{0}\boldsymbol{s}_1 + {}^{1}P_{3x}\,{}^{0}\boldsymbol{n}_1 & {}^{0}\boldsymbol{a}_2 & {}^{0}\boldsymbol{a}_3 \\ {}^{0}\boldsymbol{a}_1 & \mathbf{0} & \mathbf{0} \end{bmatrix} $$

Se tienen en total seis vectores, la solución para cada uno de ellos es:

Primera columna:

$$ -{}^{1}P_{3y}\,{}^{0}\boldsymbol{s}_1 + {}^{1}P_{3x}\,{}^{0}\boldsymbol{n}_1 = -(-r2)\begin{bmatrix} C1 \\ S1 \\ 0 \end{bmatrix} + (0)\begin{bmatrix} -S1 \\ C1 \\ 0 \end{bmatrix} = \begin{bmatrix} r2C1 \\ r2S1 \\ 0 \end{bmatrix} ; \quad {}^{0}\boldsymbol{a}_1 = \begin{bmatrix} 0 \\ 0 \\ 1 \end{bmatrix} $$

Segunda columna:

$$ {}^{0}\boldsymbol{a}_2 = \begin{bmatrix} S1 \\ -C1 \\ 0 \end{bmatrix} ; \quad \mathbf{0} = \begin{bmatrix} 0 \\ 0 \\ 0 \end{bmatrix} $$

Tercera columna:

$$ {}^{0}\boldsymbol{a}_3 = \begin{bmatrix} 0 \\ 0 \\ 1 \end{bmatrix} ; \quad \mathbf{0} = \begin{bmatrix} 0 \\ 0 \\ 0 \end{bmatrix} $$

Luego el modelo cinemático directo puede expresarse como:

$$ \begin{bmatrix} \dot{\boldsymbol{x}} \\ \dot{\boldsymbol{y}} \\ \dot{\boldsymbol{z}} \\ \boldsymbol{\omega}_x \\ \boldsymbol{\omega}_y \\ \boldsymbol{\omega}_z \end{bmatrix} = \begin{bmatrix} r2C1 & S1 & 0 \\ r2S1 & -C1 & 0 \\ 0 & 0 & 1 \\ 0 & 0 & 0 \\ 0 & 0 & 0 \\ 1 & 0 & 0 \end{bmatrix} \begin{bmatrix} \dot{\boldsymbol{q}}_1 \\ \dot{\boldsymbol{q}}_2 \\ \dot{\boldsymbol{q}}_3 \end{bmatrix} $$

Ejercicio 4.1:

a) Para este caso $r_1 = 1$ y $r_2 = 2$.

Se aplican las fórmulas del caso así:

Cuerpo 3 ($j = 3$):

Según la fórmula "1b" (sección 4.4.1) para una articulación prismática y teniendo en cuenta la tabla de parámetros geométricos vista en el Ejercicio 2.1:

XXR2 = XX2 – XX3
XYR2 = XY2 – XZ3
XZR2 = XZ2 + XY3
YYR2 = YY2 + ZZ3
YZR2 = YZ2 – YZ3
ZZR2 = ZZ2 + YY3

Los términos XX3, XY3, XZ3, YY3, YZ3, ZZ3 son eliminados según la definición. Revisando las otras fórmulas se observa que no hay ninguna otra que pueda ser aplicada a este cuerpo prismático.

Cuerpo 2 ($j = 2$):

Fórmula "1a" (sección 4.4.1) para una articulación rotoide, donde se eliminan los parámetros YY2, MZ2 y M2:

XXR2 = XX2 – YY2 = (XX2 – XX3) – (YY2 + ZZ3)

XXR1 = XX1 + YY2 + 2R2MZ2 + $R2^2$M2 = XX1 + (YY2 + ZZ3) + 2R2MZ2 + $R2^2$M2

ZZR1 = ZZ1 + YY2 + 2R2MZ2 + $R2^2$M2 = ZZ1 + (YY2 + ZZ3) + 2R2MZ2 + $R2^2$M2

MYR1 = MY1 + MZ2 + R2M2

MR1 = M1 + M2

En este caso varios parámetros pasan sin el reagrupamiento (XY1, XZ1, YY1, YZ1, MX1, MZ1). Por otra parte no hay ninguna otra fórmula que pueda ser aplicada a este cuerpo rotoide.

Cuerpo 1 ($j = 1$):

Como en este caso $r_1 \leq 1$, según las fórmulas "4" y "5", y "1a" se obtiene:

XX1, XY1, XZ1, YZ1 son eliminados (fórmula 3), así como YY1 (fórmula "1a"). El único término del tensor de inercia que se mantiene es ZZR1. Por otra parte para el primer momento de inercia se eliminan MX1, MY1 (fórmula "5") y MZ1 (fórmula "1a"). Es decir ningún término del primer momento de inercia queda en la tabla final.

En cuanto a la inercia de los motores se aplican las fórmulas "7" y "8":

ZZR1 = ZZR1 + IA1
ZZR2 = ZZR2 + IA2

La tabla final de parámetros de base es:

j	XX_j	XY_j	XZ_j	YY_j	YZ_j	ZZ_j
1	0	0	0	0	0	ZZR1
2	XXR2	XYR2	XZR2	0	YZR2	ZZR2
3	0	0	0	0	0	0

j	MX_j	MY_j	MZ_j	M_j	I_{aj}
1	0	0	0	0	0
2	MX2	MY2	0	0	0
3	MX3	MY3	MZ3	M3	IA3

b) En este caso $r_1 = 4$.

Cuerpo 4 ($j = 4$):

Se eliminan YY_4, MZ_4 y M_4. Los reagrupamientos son (fórmula "1a", sección 4.4.1):

XXR4 = XX4 – YY4
XXR3 = XX3 + YY4
YYR3 = YY3 + YY4
MZR3 = MZ3 + MZ4
MR3 = M3 + M4

En este caso varios parámetros pasan sin el reagrupamiento (XY3, XZ3, YZ3, ZZ3, MX3, MY3).

Cuerpo 3 ($j = 3$):

Los términos XX3, XY3, XZ3, YY3, YZ3, ZZ3 son eliminados según la definición (fórmula "1b"). Aplicando ésta se tiene:

XXR2 = XX2 + XX3 = XX2 + (XX3 + YY4)
XYR2 = XY2 – XZ3
XZR2 = XZ2 + XY3
YYR2 = YY2 + ZZ3
YZR2 = YZ2 – YZ3
ZZR2 = ZZ2 + YY3 = ZZ2 + (YY3 + YY4)

De otra parte, aplicando la fórmula "6" ($j < r_1$) se eliminan MX3, MY3 y MZ3.

Cuerpo 2 ($j = 2$):

Los términos XX2, XY2, XZ2, YY2, YZ2, ZZ2 son eliminados según al definición (fórmula "1b"). Aplicando ésta se tiene:

XXR1 = XX1 + YY2 = XX1 + (YY2 + ZZ3)
XYR1 = XY1 + YZ2 = XY1 + (YZ2 – YZ3)
XZR1 = XZ1 + XY2 = XZ1 + (XY2 – XZ3)
YYR1 = YY1 + ZZ2 = YY1 + (ZZ2 + YY3 + YY4)
YZR1 = YZ1 + XZ2 = YZ1 + (XZ2 + XY3)
ZZR1 = ZZ1 + XX2 = ZZ1 + (XX2 + XX3 + YY4)

Igualmente aplicando la fórmula "6" ($j < r_1$) se eliminan MX2, MY2 y MZ2.

Cuerpo 1 ($j = 1$):

Los términos XX1, XY1, XZ1, YY1, YZ1, ZZ1 son eliminados según la definición (fórmula "1b"). Igualmente aplicando la fórmula "6" ($j < r_1$) se eliminan MX1, MY1 y MZ1.

En cuanto a la inercia de los motores se aplican las fórmulas "7" y "9":

ZZR4 = ZZR4 + IA4
MR1 = M1 + IA1

La tabla final de parámetros de base es:

j	XX_j	XY_j	XZ_j	YY_j	YZ_j	ZZ_j
1	0	0	0	0	0	0
2	0	0	0	0	0	0
3	0	0	0	0	0	0
4	XXR4	XY4	XZ4	0	YZ4	ZZR4

j	MX_j	MY_j	MZ_j	M_j	I_{aj}
1	0	0	0	MR1	0
2	0	0	0	M2	IA2
3	0	0	0	MR3	IA3
4	MX4	MY4	0	0	0

d) En este caso $r_1 = 1$.

Cuerpo 3 ($j = 3$):

Los términos XX3, XY3, XZ3, YY3, YZ3, ZZ3 son eliminados según la definición (fórmula "1b", sección 4.4.1). Aplicando ésta se tiene:

XXR2 = XX2 + XX3
XYR2 = XY2 + XZ3
XZR2 = XZ2 – XY3
YYR2 = YY2 + ZZ3
YZR2 = YZ2 – YZ3
ZZR2 = ZZ2 + YY3

Adicionalmente debe aplicarse la fórmula "2" (eliminar MX2, MY2 y MZ3), lo cual produce:

MXR2 = MX2 + MX3
MZR2 = MZ2 - MY3

Cuerpo 2 ($j = 2$):

Los términos XX2, XY2, XZ2, YY2, YZ2, ZZ2 son eliminados según la definición (fórmula "1b"). Aplicando ésta se tiene:

XXR1 = XX1 + XX2
XYR1 = XY1 + XZ2
XZR1 = XZ1 – XY2

YYR1 = YY1 + ZZ2
YZR1 = YZ1 − YZ2
ZZR1 = ZZ1 + YY2

Adicionalmente debe aplicarse la fórmula "3" (${}^{j}a_{zr1} = 0$; ${}^{j}a_{xr1} = 0$), lo cual produce:

MY2 = 0

Cuerpo 1 ($j = 1$):

Como en este caso $r_1 \leq 1$, según las fórmulas "4" y "5", y "1a" se obtiene:

YY1, MZ1 y M1 son eliminados (fórmula "1a"). XX1, XY1, XZ1 y YZ1 se eliminan también (fórmula "4"), así como MX1 y MY1 (fórmula "5"). El único término que queda para esta articulación es ZZR1.

En cuanto a la inercia de los motores se aplica la fórmula "7":

ZZR1 = ZZR1 + IA1

La tabla final de parámetros de base es:

j	XX_j	XY_j	XZ_j	YY_j	YZ_j	ZZ_j
1	0	0	0	0	0	ZZR1
2	0	0	0	0	0	0
3	0	0	0	0	0	0

j	MX_j	MY_j	MZ_j	M_j	I_{aj}
1	0	0	0	0	0
2	MXR2	0	MZR2	M2	IA2
3	0	0	0	M3	IA3

Ejercicio 4.2:

a) Según la tabla de parámetros de base hallada en el Ejercicio 4.1, las matrices del tensor de inercia y del primer momento de inercia pueden organizarse como sigue (suponiendo que los cuerpos son simétricos, por lo que se eliminan los términos no pertenecientes a la diagonal):

niendo que los cuerpos son simétricos, por lo que se eliminan los términos no pertenecientes a la diagonal):

$$^{1}\boldsymbol{J}_1 = \begin{bmatrix} 0 & 0 & 0 \\ 0 & 0 & 0 \\ 0 & 0 & \text{ZZR1} \end{bmatrix} ; \, ^{2}\boldsymbol{J}_2 = \begin{bmatrix} \text{XXR2} & 0 & 0 \\ 0 & 0 & 0 \\ 0 & 0 & \text{ZZR2} \end{bmatrix} ; \, ^{3}\boldsymbol{J}_3 = \begin{bmatrix} 0 & 0 & 0 \\ 0 & 0 & 0 \\ 0 & 0 & 0 \end{bmatrix}$$

$$^{1}\boldsymbol{MS}_1 = \begin{bmatrix} 0 \\ 0 \\ 0 \end{bmatrix} ; \, ^{2}\boldsymbol{MS}_2 = \begin{bmatrix} \text{MX2} \\ \text{MY2} \\ 0 \end{bmatrix} ; \, ^{3}\boldsymbol{MS}_3 = \begin{bmatrix} \text{MX3} \\ \text{MY3} \\ \text{MZ3} \end{bmatrix} ;$$

$$\boldsymbol{I}_a = \begin{bmatrix} 0 & 0 & 0 \\ 0 & 0 & 0 \\ 0 & 0 & \text{IA3} \end{bmatrix}$$

a1) Cálculo de las velocidades de rotación:

$$^{0}\boldsymbol{\omega}_0 = 0$$

$$^{1}\boldsymbol{\omega}_1 = {}^{1}\boldsymbol{A}_0 \, {}^{0}\boldsymbol{\omega}_0 + \dot{\boldsymbol{q}}_1 \, {}^{1}\boldsymbol{a}_1 = \begin{bmatrix} 0 & 0 & \dot{\boldsymbol{q}}_1 \end{bmatrix}^{\mathrm{T}}$$

$$^{2}\boldsymbol{\omega}_2 = {}^{2}\boldsymbol{A}_1 \, {}^{1}\boldsymbol{\omega}_1 + \dot{\boldsymbol{q}}_2 \, {}^{2}\boldsymbol{a}_2 = \begin{bmatrix} C2 & 0 & -S2 \\ -S2 & 0 & -C2 \\ 0 & 1 & 0 \end{bmatrix} \begin{bmatrix} 0 \\ 0 \\ \dot{\boldsymbol{q}}_1 \end{bmatrix} + \begin{bmatrix} 0 \\ 0 \\ \dot{\boldsymbol{q}}_2 \end{bmatrix} = \begin{bmatrix} -S2\dot{\boldsymbol{q}}_1 \\ -C2\dot{\boldsymbol{q}}_1 \\ \dot{\boldsymbol{q}}_2 \end{bmatrix}$$

$$^{3}\boldsymbol{\omega}_3 = {}^{3}\boldsymbol{A}_2 \, {}^{2}\boldsymbol{\omega}_2 = \begin{bmatrix} 1 & 0 & 0 \\ 0 & 0 & 1 \\ 0 & -1 & 0 \end{bmatrix} \begin{bmatrix} -S2\dot{\boldsymbol{q}}_1 \\ -C2\dot{\boldsymbol{q}}_1 \\ \dot{\boldsymbol{q}}_2 \end{bmatrix} = \begin{bmatrix} -S2\dot{\boldsymbol{q}}_1 \\ \dot{\boldsymbol{q}}_2 \\ C2\dot{\boldsymbol{q}}_1 \end{bmatrix}$$

a2) Cálculo de las velocidades de traslación:

$$^{0}\boldsymbol{V}_0 = 0$$

$$^{1}\boldsymbol{V}_1 = {}^{1}\boldsymbol{A}_0 \left[{}^{0}\boldsymbol{V}_0 + {}^{0}\boldsymbol{\omega}_0 \times {}^{0}\boldsymbol{P}_1 \right] = 0$$

$$^{2}\boldsymbol{V}_2 = {}^{2}\boldsymbol{A}_1 \left[{}^{1}\boldsymbol{V}_1 + {}^{1}\boldsymbol{\omega}_1 \times {}^{1}\boldsymbol{P}_2 \right]$$

Dado que: $^{1}\boldsymbol{\omega}_1 \times {}^{1}\boldsymbol{P}_2 = \begin{bmatrix} -R2\dot{\boldsymbol{q}}_1 & 0 & 0 \end{bmatrix}^{\mathrm{T}}$

Entonces: $^{2}\boldsymbol{V}_2 = {}^{2}\boldsymbol{A}_1\left[{}^{1}\boldsymbol{\omega}_1 \times {}^{1}\boldsymbol{P}_2\right] = \left[-R2C2\dot{\boldsymbol{q}}_1 \quad R2S2\dot{\boldsymbol{q}}_1 \quad 0\right]^{\mathrm{T}}$

$$^{3}\boldsymbol{V}_3 = {}^{3}\boldsymbol{A}_2\left[{}^{2}\boldsymbol{V}_2 + {}^{2}\boldsymbol{\omega}_2 \times {}^{2}\boldsymbol{P}_3\right] + \dot{\boldsymbol{q}}_3\,{}^{3}\boldsymbol{a}_3$$

Dado que: $^{2}\boldsymbol{\omega}_2 \times {}^{2}\boldsymbol{P}_3 = \left[r_3\dot{\boldsymbol{q}}_2 \quad 0 \quad r_3S2\dot{\boldsymbol{q}}_1\right]^{\mathrm{T}}$

Entonces:

$$^{3}\boldsymbol{V}_3 = {}^{3}\boldsymbol{A}_2\left[{}^{2}\boldsymbol{V}_2 + {}^{2}\boldsymbol{\omega}_2 \times {}^{2}\boldsymbol{P}_3\right] + \dot{\boldsymbol{q}}_3\,{}^{3}\boldsymbol{a}_3 = \begin{bmatrix} -R2C2\dot{\boldsymbol{q}}_1 + r_3\dot{\boldsymbol{q}}_2 \\ r_3S2\dot{\boldsymbol{q}}_1 \\ -R2S2\dot{\boldsymbol{q}}_1 + \dot{\boldsymbol{q}}_3 \end{bmatrix}$$

a3) Cálculo de las energías cinéticas:

Energía cinética del cuerpo 1:

$$E_1 = \frac{1}{2}\left[{}^{1}\boldsymbol{\omega}_1^{\mathrm{T}}\,{}^{1}\boldsymbol{J}_1\,{}^{1}\boldsymbol{\omega}_1 + M_1\,{}^{1}\boldsymbol{V}_1^{\mathrm{T}}\,{}^{1}\boldsymbol{V}_1 + 2\,{}^{1}\boldsymbol{MS}_1^{\mathrm{T}}\left({}^{1}\boldsymbol{V}_1 \times {}^{1}\boldsymbol{\omega}_1\right)\right]$$

Dado que $M_1 = 0$ y $^{1}\boldsymbol{MS}_1 = \left[0 \quad 0 \quad 0\right]^{\mathrm{T}}$, el término de la energía cinética para la primera articulación queda resumido a:

$$E_1 = \frac{1}{2}\left[{}^{1}\boldsymbol{\omega}_1^{\mathrm{T}}\,{}^{1}\boldsymbol{J}_1\,{}^{1}\boldsymbol{\omega}_1\right] = \frac{1}{2}\left[\left[0 \quad 0 \quad \dot{\boldsymbol{q}}_1\right]\begin{bmatrix} 0 & 0 & 0 \\ 0 & 0 & 0 \\ 0 & 0 & \mathrm{ZZR1} \end{bmatrix}\begin{bmatrix} 0 \\ 0 \\ \dot{\boldsymbol{q}}_1 \end{bmatrix}\right]$$

$$= \frac{1}{2}\mathrm{ZZR1}\,\dot{\boldsymbol{q}}_1^{2}$$

Energía cinética del cuerpo 2:

$$E_2 = \frac{1}{2}\left[{}^{2}\boldsymbol{\omega}_2^{\mathrm{T}}\,{}^{2}\boldsymbol{J}_2\,{}^{2}\boldsymbol{\omega}_2 + M_2\,{}^{2}\boldsymbol{V}_2^{\mathrm{T}}\,{}^{2}\boldsymbol{V}_2 + 2\,{}^{2}\boldsymbol{MS}_2^{\mathrm{T}}\left({}^{2}\boldsymbol{V}_2 \times {}^{2}\boldsymbol{\omega}_2\right)\right]$$

Dado que $M_2 = 0$, el término de la energía cinética para la segunda articulación queda resumido a:

$$E_2 = \frac{1}{2}\left[{}^2\boldsymbol{\omega}_2^{\mathrm{T}}\, {}^2\boldsymbol{J}_2\, {}^2\boldsymbol{\omega}_2 + 2\,{}^2\boldsymbol{MS}_2^{\mathrm{T}} \left({}^2\boldsymbol{V}_2 \times {}^2\boldsymbol{\omega}_2 \right) \right]$$

Donde:

$$ {}^2\boldsymbol{\omega}_2^{\mathrm{T}}\, {}^2\boldsymbol{J}_2\, {}^2\boldsymbol{\omega}_2 = \begin{bmatrix} -S2\dot{\boldsymbol{q}}_1 & -C2\dot{\boldsymbol{q}}_1 & \dot{\boldsymbol{q}}_2 \end{bmatrix} \begin{bmatrix} \mathrm{XXR2} & 0 & 0 \\ 0 & 0 & 0 \\ 0 & 0 & \mathrm{ZZR2} \end{bmatrix} \begin{bmatrix} -S2\dot{\boldsymbol{q}}_1 \\ -C2\dot{\boldsymbol{q}}_1 \\ \dot{\boldsymbol{q}}_2 \end{bmatrix} $$

$$ = \mathrm{XXR2}S2^2\dot{\boldsymbol{q}}_1^{\,2} + \mathrm{ZZR2}\dot{\boldsymbol{q}}_2^{\,2} $$

$$ {}^2\boldsymbol{V}_2 \times {}^2\boldsymbol{\omega}_2 = \begin{bmatrix} -R2C2\dot{\boldsymbol{q}}_1 \\ R2S2\dot{\boldsymbol{q}}_1 \\ 0 \end{bmatrix} \times \begin{bmatrix} -S2\dot{\boldsymbol{q}}_1 \\ -C2\dot{\boldsymbol{q}}_1 \\ \dot{\boldsymbol{q}}_2 \end{bmatrix} = \begin{bmatrix} R2S2\dot{\boldsymbol{q}}_1\dot{\boldsymbol{q}}_2 \\ R2C2\dot{\boldsymbol{q}}_1\dot{\boldsymbol{q}}_2 \\ R2C2^2\dot{\boldsymbol{q}}_1^{\,2} + R2S2^2\dot{\boldsymbol{q}}_1^{\,2} \end{bmatrix} $$

$$ 2\,{}^2\boldsymbol{MS}_2^{\mathrm{T}} \left({}^2\boldsymbol{V}_2 \times {}^2\boldsymbol{\omega}_2 \right) = 2\begin{bmatrix} \mathrm{MX2} & \mathrm{MY2} & 0 \end{bmatrix} \begin{bmatrix} R2S2\dot{\boldsymbol{q}}_1\dot{\boldsymbol{q}}_2 \\ R2C2\dot{\boldsymbol{q}}_1\dot{\boldsymbol{q}}_2 \\ R2\dot{\boldsymbol{q}}_1^{\,2} \end{bmatrix} $$

$$ = 2\mathrm{MX2}R2S2\dot{\boldsymbol{q}}_1\dot{\boldsymbol{q}}_2 + 2\mathrm{MY2}R2C2\dot{\boldsymbol{q}}_1\dot{\boldsymbol{q}}_2 $$

Luego, la energía cinética del segundo cuerpo es:

$$ E_2 = \frac{1}{2}\begin{bmatrix} \mathrm{XXR2}S2^2\dot{\boldsymbol{q}}_1^{\,2} + \mathrm{ZZR2}\dot{\boldsymbol{q}}_2^{\,2} + 2\mathrm{MX2}R2S2\dot{\boldsymbol{q}}_1\dot{\boldsymbol{q}}_2 \\ + 2\mathrm{MY2}R2C2\dot{\boldsymbol{q}}_1\dot{\boldsymbol{q}}_2 \end{bmatrix} $$

Energía cinética del cuerpo 3:

$$E_3 = \frac{1}{2}\left[{}^3\boldsymbol{\omega}_3^{\mathrm{T}}\, {}^3\boldsymbol{J}_3\, {}^3\boldsymbol{\omega}_3 + M_3\, {}^3\boldsymbol{V}_3^{\mathrm{T}}\, {}^3\boldsymbol{V}_3 + 2\,{}^3\boldsymbol{MS}_3^{\mathrm{T}} \left({}^3\boldsymbol{V}_3 \times {}^3\boldsymbol{\omega}_3 \right) \right]$$

Dado que ${}^{3}J_{3}$ = 0, el término de la energía cinética para la tercera articulación queda resumido a:

$$E_3 = \frac{1}{2}\left[M_3\, {}^{3}\boldsymbol{V}_3^{T}\, {}^{3}\boldsymbol{V}_3 + 2\, {}^{3}\boldsymbol{MS}_3^{T}\left({}^{3}\boldsymbol{V}_3 \times {}^{3}\boldsymbol{\omega}_3\right)\right]$$

Donde:

$${}^{3}\boldsymbol{V}_3^{T}\, {}^{3}\boldsymbol{V}_3 =$$

$$\begin{bmatrix} -R2C2\dot{\boldsymbol{q}}_1 + r_3\dot{\boldsymbol{q}}_2 & r_3S2\dot{\boldsymbol{q}}_1 & -R2S2\dot{\boldsymbol{q}}_1 + \dot{\boldsymbol{q}}_3 \end{bmatrix} \begin{bmatrix} -R2C2\dot{\boldsymbol{q}}_1 + r_3\dot{\boldsymbol{q}}_2 \\ r_3S2\dot{\boldsymbol{q}}_1 \\ -R2S2\dot{\boldsymbol{q}}_1 + \dot{\boldsymbol{q}}_3 \end{bmatrix}$$

$$= \left(R2^2\dot{\boldsymbol{q}}_1^{\,2} + r_3^{\,2}S2^2\dot{\boldsymbol{q}}_1^{\,2} + r_3^{\,2}\dot{\boldsymbol{q}}_2^{\,2} + \dot{\boldsymbol{q}}_3^{\,2} - 2R2r_3C2\dot{\boldsymbol{q}}_1\dot{\boldsymbol{q}}_2 - 2R2S2\dot{\boldsymbol{q}}_1\dot{\boldsymbol{q}}_3\right)$$

$${}^{3}\boldsymbol{V}_3 \times {}^{3}\boldsymbol{\omega}_3 = \begin{bmatrix} -R2C2\dot{\boldsymbol{q}}_1 + r_3\dot{\boldsymbol{q}}_2 \\ r_3S2\dot{\boldsymbol{q}}_1 \\ -R2S2\dot{\boldsymbol{q}}_1 + \dot{\boldsymbol{q}}_3 \end{bmatrix} \times \begin{bmatrix} -S2\dot{\boldsymbol{q}}_1 \\ \dot{\boldsymbol{q}}_2 \\ C2\dot{\boldsymbol{q}}_1 \end{bmatrix}$$

$$= \begin{bmatrix} -R2C2\dot{\boldsymbol{q}}_1\dot{\boldsymbol{q}}_2 + r_3\dot{\boldsymbol{q}}_2^{\,2} + r_3S2^2\dot{\boldsymbol{q}}_1^{\,2} \\ r_3S2C2\dot{\boldsymbol{q}}_1^{\,2} + R2S2\dot{\boldsymbol{q}}_1\dot{\boldsymbol{q}}_2 - \dot{\boldsymbol{q}}_2\dot{\boldsymbol{q}}_3 \\ R2S2^2\dot{\boldsymbol{q}}_1^{\,2} - S2\dot{\boldsymbol{q}}_1\dot{\boldsymbol{q}}_3 + R2C2\dot{\boldsymbol{q}}_1^{\,2} - r_3C2\dot{\boldsymbol{q}}_1\dot{\boldsymbol{q}}_2 \end{bmatrix}$$

Luego:

$$E_3 = \frac{1}{2}\left[M_3\, {}^{3}\boldsymbol{V}_3^{T}\, {}^{3}\boldsymbol{V} + 2\boldsymbol{K}\right]$$

Con:

$$\boldsymbol{K} =$$

$$\begin{bmatrix} MX3 & MY3 & MZ3 \end{bmatrix} \begin{bmatrix} -R2C2\dot{\boldsymbol{q}}_1\dot{\boldsymbol{q}}_2 + r_3\dot{\boldsymbol{q}}_2^{\,2} + r_3S2^2\dot{\boldsymbol{q}}_1^{\,2} \\ r_3S2C2\dot{\boldsymbol{q}}_1^{\,2} + R2S2\dot{\boldsymbol{q}}_1\dot{\boldsymbol{q}}_2 - \dot{\boldsymbol{q}}_2\dot{\boldsymbol{q}}_3 \\ R2S2^2\dot{\boldsymbol{q}}_1^{\,2} - S2\dot{\boldsymbol{q}}_1\dot{\boldsymbol{q}}_3 + R2C2\dot{\boldsymbol{q}}_1^{\,2} - r_3C2\dot{\boldsymbol{q}}_1\dot{\boldsymbol{q}}_2 \end{bmatrix}$$

$$E_3=\frac{1}{2}\begin{bmatrix} \mathrm{M3}R2^2\dot{\boldsymbol{q}}_1{}^2+\mathrm{M3}r_3{}^2S2^2\dot{\boldsymbol{q}}_1{}^2+\mathrm{M3}r_3{}^2\dot{\boldsymbol{q}}_2{}^2+\mathrm{M3}\dot{\boldsymbol{q}}_3{}^2 \\ -2\mathrm{M3}R2r_3C2\dot{\boldsymbol{q}}_1\dot{\boldsymbol{q}}_2-2\mathrm{M3}R2S2\dot{\boldsymbol{q}}_1\dot{\boldsymbol{q}}_3+\mathrm{MX3}r_3\dot{\boldsymbol{q}}_2{}^2 \\ +2\mathrm{MX3}r_3S2^2\dot{\boldsymbol{q}}_1{}^2-2\mathrm{MX3}R2C2\dot{\boldsymbol{q}}_1\dot{\boldsymbol{q}}_2+2\mathrm{MY3}r_3S2C2\dot{\boldsymbol{q}}_1{}^2 \\ +2\mathrm{MY3}R2S2\dot{\boldsymbol{q}}_1\dot{\boldsymbol{q}}_2-2\mathrm{MY3}\dot{\boldsymbol{q}}_2\dot{\boldsymbol{q}}_3+2\mathrm{MZ3}R2S2^2\dot{\boldsymbol{q}}_1{}^2 \\ -2\mathrm{MZ3}S2\dot{\boldsymbol{q}}_1\dot{\boldsymbol{q}}_2+2\mathrm{MZ3}R2C2\dot{\boldsymbol{q}}_1{}^2-2\mathrm{MZ3}r_3C2\dot{\boldsymbol{q}}_1\dot{\boldsymbol{q}}_2 \end{bmatrix}$$

Una vez obtenidas las expresiones de las tres energías cinéticas se procede a armar la matriz de inercia:

$$\begin{aligned} A_{11} &= \mathrm{ZZR1}+\mathrm{XXR2}S2^2+2\mathrm{MX3}r_3S2^2+2\mathrm{MY3}r_3S2C2 \\ &\quad +2\mathrm{MZ3}R2S2^2+2\mathrm{MZ3}R2C2+\mathrm{M3}R2^2+\mathrm{M3}r_3{}^2S2^2 \\ A_{22} &= \mathrm{ZZR2}+2\mathrm{MX3}r_3+\mathrm{M3}r_3{}^2 \\ A_{33} &= \mathrm{M3}+\mathrm{IA3} \\ A_{12} &= A_{21}=\mathrm{MX2}R2S2+\mathrm{MY2}R2C2-\mathrm{MX3}R2C2+\mathrm{MY3}R2S2 \\ &\quad -\mathrm{MZ3}S2-\mathrm{MZ3}r_3C2-\mathrm{M3}R2r_3C2 \\ A_{13} &= A_{31}=-\mathrm{M3}R2S2 \\ A_{23} &= -\mathrm{MY3} \end{aligned}$$

a4) Cálculo del vector de gravedad:

Energía potencial del cuerpo 1:

$$U_1=-\begin{bmatrix} {}^0\boldsymbol{g}^{\mathrm{T}} & 0 \end{bmatrix} {}^0\boldsymbol{T}_1 \begin{bmatrix} {}^1\boldsymbol{MS}_1 \\ \mathrm{M}_1 \end{bmatrix} = -\begin{bmatrix} {}^0\boldsymbol{g}^{\mathrm{T}} & 0 \end{bmatrix} {}^0\boldsymbol{T}_1 \begin{bmatrix} 0 \\ 0 \\ 0 \\ 0 \end{bmatrix} = 0$$

Energía potencial del cuerpo 2:

$$U_2 = -\begin{bmatrix} {}^0\boldsymbol{g}^{\mathrm{T}} & 0 \end{bmatrix} {}^0\boldsymbol{T}_2 \begin{bmatrix} {}^2\boldsymbol{MS}_2 \\ \mathrm{M}_2 \end{bmatrix}$$

$$= -\begin{bmatrix} {}^0\boldsymbol{g}^{\mathrm{T}} & 0 \end{bmatrix} \begin{bmatrix} C1C2 & -C1S2 & -S1 & -R2S1 \\ S1C2 & -S1S2 & C1 & R2C1 \\ -S2 & -C2 & 0 & 0 \\ 0 & 0 & 0 & 1 \end{bmatrix} \begin{bmatrix} \mathrm{MX2} \\ \mathrm{MY2} \\ 0 \\ 0 \end{bmatrix}$$

$$= -\begin{bmatrix} 0 & 0 & \mathrm{G3} & 0 \end{bmatrix} \begin{bmatrix} \mathrm{MX2}C1C2\text{-}\mathrm{MY2}C1S2 \\ \mathrm{MX2}S1C2\text{-}\mathrm{MY2}S1S2 \\ \text{-}\mathrm{MX2}S2\text{-}\mathrm{MY2}C2 \\ 0 \end{bmatrix}$$

$$= \mathrm{G3MX2}S2 + \mathrm{G3MY2}C2$$

Energía potencial del cuerpo 3:

$$U_3 = -\begin{bmatrix} {}^0\boldsymbol{g}^{\mathrm{T}} & 0 \end{bmatrix} {}^0\boldsymbol{T}_3 \begin{bmatrix} {}^3\boldsymbol{MS}_3 \\ \mathrm{M}_3 \end{bmatrix}$$

$$= -\begin{bmatrix} {}^0\boldsymbol{g}^{\mathrm{T}} & 0 \end{bmatrix} \begin{bmatrix} C1C2 & -S1 & C1S2 & C1S2r3\text{-}S1R2 \\ S1C2 & C1 & S1S2 & S1S2r3+C1R2 \\ -S2 & 0 & C2 & C2r3 \\ 0 & 0 & 0 & 1 \end{bmatrix} \begin{bmatrix} \mathrm{MX3} \\ \mathrm{MY3} \\ \mathrm{MZ3} \\ \mathrm{M3} \end{bmatrix}$$

$$= -\begin{bmatrix} 0 & 0 & \mathrm{G3} & 0 \end{bmatrix} \begin{bmatrix} \text{fila 1} \\ \text{fila 2} \\ \text{-}\mathrm{MX3}S2 + \mathrm{MZ3}C2 \\ \mathrm{M3} \end{bmatrix}$$

$$= \mathrm{G3MX3}S2 - \mathrm{G3MZ3}C2$$

Los términos "fila 1" y "fila 2" de la matriz anterior no se calculan, ya que este vector columna es multiplicado por el vector fila de la izquierda que tiene solo un térmnio no nulo (representado por la gravedad).

La energía potencial total será:

$$U = \text{G3MX2}S2 + \text{G3MY2}C2 + \text{G3MX3}S2 - \text{G3MZ3}C2$$

Luego los elementos del vector de gravedad son:

$$Q_1 = \frac{\partial U}{\partial q_1} = \frac{\partial U}{\partial \theta_1} = 0$$

$$Q_2 = \frac{\partial U}{\partial q_2} = \frac{\partial U}{\partial \theta_2} = \text{G3MX2}C2 - \text{G3MY2}S2 + \text{G3MX3}C2 + \text{G3MZ3}S2$$

$$Q_3 = \frac{\partial U}{\partial q_3} = \frac{\partial U}{\partial \theta_3} = 0$$

Finalmente la expresión del modelo dinámico inverso puede escribirse como:

$$\begin{bmatrix} \boldsymbol{\Gamma}_1 \\ \boldsymbol{\Gamma}_2 \\ \boldsymbol{\Gamma}_3 \end{bmatrix} = \begin{bmatrix} A_{11} & A_{12} & A_{13} \\ A_{12} & A_{22} & A_{23} \\ A_{13} & A_{23} & A_{33} \end{bmatrix} \begin{bmatrix} \ddot{\boldsymbol{q}}_1 \\ \ddot{\boldsymbol{q}}_2 \\ \ddot{\boldsymbol{q}}_3 \end{bmatrix} + \begin{bmatrix} 0 \\ Q_2 \\ 0 \end{bmatrix}$$

b) Según la tabla de parámetros de base hallada en el Ejercicio 4.1, las matrices del tensor de inercia y del primer momento de inercia pueden organizarse como sigue (suponiendo que los cuerpos son simétricos, por lo que se eliminan los términos no pertenecientes a la diagonal):

$${}^1\boldsymbol{J}_1 = \begin{bmatrix} 0 & 0 & 0 \\ 0 & 0 & 0 \\ 0 & 0 & 0 \end{bmatrix}; {}^2\boldsymbol{J}_2 = \begin{bmatrix} 0 & 0 & 0 \\ 0 & 0 & 0 \\ 0 & 0 & 0 \end{bmatrix};$$

$${}^3\boldsymbol{J}_3 = \begin{bmatrix} 0 & 0 & 0 \\ 0 & 0 & 0 \\ 0 & 0 & 0 \end{bmatrix}; {}^4\boldsymbol{J}_4 = \begin{bmatrix} \text{XXR4} & 0 & 0 \\ 0 & 0 & 0 \\ 0 & 0 & \text{ZZR4} \end{bmatrix}$$

$$^{1}\boldsymbol{MS}_1=\begin{bmatrix}0\\0\\0\end{bmatrix};\ ^{2}\boldsymbol{MS}_2=\begin{bmatrix}0\\0\\0\end{bmatrix};\ ^{3}\boldsymbol{MS}_3=\begin{bmatrix}0\\0\\0\end{bmatrix};\ ^{4}\boldsymbol{MS}_4=\begin{bmatrix}\mathrm{MX4}\\\mathrm{MY4}\\0\end{bmatrix};$$

$$\boldsymbol{I}_a=\begin{bmatrix}0&0&0&0\\0&\mathrm{IA2}&0&0\\0&0&\mathrm{IA3}&0\\0&0&0&0\end{bmatrix}$$

b1) Cálculo de las velocidades de rotación:

$$^{0}\boldsymbol{\omega}_0=0$$

$$^{1}\boldsymbol{\omega}_1={}^{1}\boldsymbol{A}_0\,{}^{0}\boldsymbol{\omega}_0=0$$

$$^{2}\boldsymbol{\omega}_2={}^{2}\boldsymbol{A}_1\,{}^{1}\boldsymbol{\omega}_1=0$$

$$^{3}\boldsymbol{\omega}_3={}^{3}\boldsymbol{A}_2\,{}^{2}\boldsymbol{\omega}_2=0$$

$$^{4}\boldsymbol{\omega}_4={}^{4}\boldsymbol{A}_3\,{}^{3}\boldsymbol{\omega}_3+\dot{\boldsymbol{q}}_4\,{}^{4}\boldsymbol{a}_4=\begin{bmatrix}0\\0\\\dot{\boldsymbol{q}}_4\end{bmatrix}$$

b2) Cálculo de las velocidades de traslación:

$$^{0}\boldsymbol{V}_0=0$$

$$^{1}\boldsymbol{V}_1={}^{1}\boldsymbol{A}_0\left[{}^{0}\boldsymbol{V}_0+{}^{0}\boldsymbol{\omega}_0\times{}^{0}\boldsymbol{P}_1\right]+\dot{\boldsymbol{q}}_1\,{}^{1}\boldsymbol{a}_1=\begin{bmatrix}0\\0\\\dot{\boldsymbol{q}}_1\end{bmatrix}$$

$$^{2}\boldsymbol{V}_2={}^{2}\boldsymbol{A}_1\left[{}^{1}\boldsymbol{V}_1+{}^{1}\boldsymbol{\omega}_1\times{}^{1}\boldsymbol{P}_2\right]+\dot{\boldsymbol{q}}_2\,{}^{2}\boldsymbol{a}_2=\begin{bmatrix}0&0&1\\1&0&0\\0&1&0\end{bmatrix}\begin{bmatrix}0\\0\\\dot{\boldsymbol{q}}_1\end{bmatrix}+\begin{bmatrix}0\\0\\\dot{\boldsymbol{q}}_2\end{bmatrix}=\begin{bmatrix}\dot{\boldsymbol{q}}_1\\0\\\dot{\boldsymbol{q}}_2\end{bmatrix}$$

$$^{3}\boldsymbol{V}_3={}^{3}\boldsymbol{A}_2\left[{}^{2}\boldsymbol{V}_2+{}^{2}\boldsymbol{\omega}_2\times{}^{2}\boldsymbol{P}_3\right]+\dot{\boldsymbol{q}}_3\,{}^{3}\boldsymbol{a}_3$$

$$=\begin{bmatrix}1&0&0\\0&0&1\\0&-1&0\end{bmatrix}\begin{bmatrix}\dot{\boldsymbol{q}}_1\\0\\\dot{\boldsymbol{q}}_2\end{bmatrix}+\begin{bmatrix}0\\0\\\dot{\boldsymbol{q}}_3\end{bmatrix}=\begin{bmatrix}\dot{\boldsymbol{q}}_1\\\dot{\boldsymbol{q}}_2\\\dot{\boldsymbol{q}}_3\end{bmatrix}$$

$$^4\boldsymbol{V}_4 = {}^4\boldsymbol{A}_3\left[{}^3\boldsymbol{V}_3 + {}^3\boldsymbol{\omega}_3 \times {}^3\boldsymbol{P}_4\right] = {}^4\boldsymbol{A}_3\,{}^3\boldsymbol{V}_3$$

$$= \begin{bmatrix} C4 & S4 & 0 \\ -S4 & C4 & 0 \\ 0 & 0 & 1 \end{bmatrix} \begin{bmatrix} \dot{\boldsymbol{q}}_1 \\ \dot{\boldsymbol{q}}_2 \\ \dot{\boldsymbol{q}}_3 \end{bmatrix} = \begin{bmatrix} C4\dot{\boldsymbol{q}}_1 + S4\dot{\boldsymbol{q}}_2 \\ -S4\dot{\boldsymbol{q}}_1 + C4\dot{\boldsymbol{q}}_2 \\ \dot{\boldsymbol{q}}_3 \end{bmatrix}$$

b3) Cálculo de las energías cinéticas:

Energía cinética del cuerpo 1:

Dado que ${}^1J_1 = 0$ y ${}^1\boldsymbol{MS}_1 = \begin{bmatrix} 0 & 0 & 0 \end{bmatrix}^T$, el término de la energía cinética para la primera articulación queda resumido a:

$$E_1 = \frac{1}{2}\left[\mathrm{M}_1\,{}^1\boldsymbol{V}_1^T\,{}^1\boldsymbol{V}_1\right] = \frac{1}{2}\left[\mathrm{MR1}\begin{bmatrix} 0 & 0 & \dot{\boldsymbol{q}}_1 \end{bmatrix}\begin{bmatrix} 0 \\ 0 \\ \dot{\boldsymbol{q}}_1 \end{bmatrix}\right] = \frac{1}{2}\mathrm{MR1}\,\dot{\boldsymbol{q}}_1^{\,2}$$

Energía cinética del cuerpo 2:

Dado que ${}^2J_2 = 0$ y ${}^2\boldsymbol{MS}_2 = \begin{bmatrix} 0 & 0 & 0 \end{bmatrix}^T$, el término de la energía cinética para la segunda articulación queda resumido a:

$$E_2 = \frac{1}{2}\left[\mathrm{M}_2\,{}^2\boldsymbol{V}_2^T\,{}^2\boldsymbol{V}_2\right]$$

$$= \frac{1}{2}\left[\mathrm{M2}\begin{bmatrix} \dot{\boldsymbol{q}}_1 & 0 & \dot{\boldsymbol{q}}_2 \end{bmatrix}\begin{bmatrix} \dot{\boldsymbol{q}}_1 \\ 0 \\ \dot{\boldsymbol{q}}_2 \end{bmatrix}\right] = \frac{1}{2}\mathrm{M2}\,\dot{\boldsymbol{q}}_1^{\,2} + \frac{1}{2}\mathrm{M2}\dot{\boldsymbol{q}}_2^{\,2}$$

Energía cinética del cuerpo 3:

Dado que ${}^3J_3 = 0$ y ${}^3\boldsymbol{MS}_3 = \begin{bmatrix} 0 & 0 & 0 \end{bmatrix}^T$, el término de la energía cinética para la tercera articulación queda resumido a:

$$E_3 = \frac{1}{2}\left[M_3\, {}^3\boldsymbol{V}_3^{T}\, {}^3\boldsymbol{V}_3 \right] = \frac{1}{2}\left[\text{MR3}\begin{bmatrix} \dot{\boldsymbol{q}}_1 & \dot{\boldsymbol{q}}_2 & \dot{\boldsymbol{q}}_3 \end{bmatrix}\begin{bmatrix} \dot{\boldsymbol{q}}_1 \\ \dot{\boldsymbol{q}}_2 \\ \dot{\boldsymbol{q}}_3 \end{bmatrix} \right]$$

$$= \frac{1}{2}\text{MR3}\,\dot{\boldsymbol{q}}_1^{\,2} + \frac{1}{2}\text{MR3}\dot{\boldsymbol{q}}_2^{\,2} + \frac{1}{2}\text{MR3}\dot{\boldsymbol{q}}_3^{\,2}$$

Energía cinética del cuerpo 4:

Dado que $M_4 = 0$, el término de la energía cinética para la cuarta articulación queda resumido a:

$$E_4 = \frac{1}{2}\left[{}^4\boldsymbol{\omega}_4^{T}\, {}^4\boldsymbol{J}_4\, {}^4\boldsymbol{\omega}_4 + 2\, {}^4\boldsymbol{MS}_4^{T}\left({}^4\boldsymbol{V}_4 \times {}^4\boldsymbol{\omega}_4 \right) \right]$$

Donde:

$${}^4\boldsymbol{\omega}_4^{T}\, {}^4\boldsymbol{J}_4\, {}^4\boldsymbol{\omega}_4 = \begin{bmatrix} 0 & 0 & \dot{\boldsymbol{q}}_4 \end{bmatrix}\begin{bmatrix} \text{XXR4} & 0 & 0 \\ 0 & 0 & 0 \\ 0 & 0 & \text{ZZR4} \end{bmatrix}\begin{bmatrix} 0 \\ 0 \\ \dot{\boldsymbol{q}}_4 \end{bmatrix}$$

$$= \text{ZZR4}\dot{\boldsymbol{q}}_4^{\,2}$$

$${}^4\boldsymbol{V}_4 \times {}^4\boldsymbol{\omega}_4 = \begin{bmatrix} C4\dot{\boldsymbol{q}}_1 + S4\dot{\boldsymbol{q}}_2 \\ -S4\dot{\boldsymbol{q}}_1 + C4\dot{\boldsymbol{q}}_2 \\ \dot{\boldsymbol{q}}_3 \end{bmatrix} \times \begin{bmatrix} 0 \\ 0 \\ \dot{\boldsymbol{q}}_4 \end{bmatrix} = \begin{bmatrix} -S4\dot{\boldsymbol{q}}_1\dot{\boldsymbol{q}}_4 + C4\dot{\boldsymbol{q}}_2\dot{\boldsymbol{q}}_4 \\ -C4\dot{\boldsymbol{q}}_1\dot{\boldsymbol{q}}_4 - S4\dot{\boldsymbol{q}}_2\dot{\boldsymbol{q}}_4 \\ 0 \end{bmatrix}$$

$$2\, {}^4\boldsymbol{MS}_4^{T}\left({}^4\boldsymbol{V}_4 \times {}^4\boldsymbol{\omega}_4 \right)$$

$$= 2\begin{bmatrix} \text{MX4} & \text{MY4} & 0 \end{bmatrix}\begin{bmatrix} -S4\dot{\boldsymbol{q}}_1\dot{\boldsymbol{q}}_4 + C4\dot{\boldsymbol{q}}_2\dot{\boldsymbol{q}}_4 \\ -C4\dot{\boldsymbol{q}}_1\dot{\boldsymbol{q}}_4 - S4\dot{\boldsymbol{q}}_2\dot{\boldsymbol{q}}_4 \\ 0 \end{bmatrix}$$

$$= -2\text{MX4}S4\dot{\boldsymbol{q}}_1\dot{\boldsymbol{q}}_4 + 2\text{MX4}C4\dot{\boldsymbol{q}}_2\dot{\boldsymbol{q}}_4 - 2\text{MY4}C4\dot{\boldsymbol{q}}_1\dot{\boldsymbol{q}}_4 - 2\text{MY4}S4\dot{\boldsymbol{q}}_2\dot{\boldsymbol{q}}_4$$

Luego:

$$E_4 = \frac{1}{2}\begin{bmatrix} \text{ZZR4}\dot{\boldsymbol{q}}_4^{\,2} - 2\text{MX4}S4\dot{\boldsymbol{q}}_1\dot{\boldsymbol{q}}_4 + 2\text{MX4}C4\dot{\boldsymbol{q}}_2\dot{\boldsymbol{q}}_4 \\ - 2\text{MY4}C4\dot{\boldsymbol{q}}_1\dot{\boldsymbol{q}}_4 - 2\text{MY4}S4\dot{\boldsymbol{q}}_2\dot{\boldsymbol{q}}_4 \end{bmatrix}$$

Una vez obtenidas las expresiones de las cuatro energías cinéticas se procede a armar la matriz de inercia:

$$A_{11} = \mathrm{MR1} + \mathrm{M2} + \mathrm{MR3}$$
$$A_{22} = \mathrm{M2} + \mathrm{MR3} + \mathrm{IA2}$$
$$A_{33} = \mathrm{MR3} + \mathrm{IA3}$$
$$A_{44} = \mathrm{ZZR4}$$
$$A_{12} = A_{21} = 0$$
$$A_{13} = A_{31} = 0$$
$$A_{14} = A_{41} = -\mathrm{MX4}S4 - \mathrm{MY4}C4$$
$$A_{23} = A_{32} = 0$$
$$A_{24} = A_{42} = \mathrm{MX4}C4 - \mathrm{MY4}S4$$
$$A_{34} = A_{43} = 0$$

b4) Cálculo del vector de gravedad:

Energía potencial del cuerpo 1:

$$U_1 = -\begin{bmatrix} {}^0\boldsymbol{g}^{\mathrm{T}} & 0 \end{bmatrix} {}^0\boldsymbol{T}_1 \begin{bmatrix} {}^1\boldsymbol{MS}_1 \\ \mathrm{M}_1 \end{bmatrix} = -\begin{bmatrix} {}^0\boldsymbol{g}^{\mathrm{T}} & 0 \end{bmatrix} {}^0\boldsymbol{T}_1 \begin{bmatrix} 0 \\ 0 \\ 0 \\ \mathrm{MR1} \end{bmatrix}$$

$$= -\begin{bmatrix} 0 & 0 & \mathrm{G3} & 0 \end{bmatrix} \begin{bmatrix} 1 & 0 & 0 & 0 \\ 0 & 1 & 0 & 0 \\ 0 & 0 & 1 & r_1 \\ 0 & 0 & 0 & 1 \end{bmatrix} \begin{bmatrix} 0 \\ 0 \\ 0 \\ \mathrm{MR1} \end{bmatrix}$$

$$= -\begin{bmatrix} 0 & 0 & \mathrm{G3} & 0 \end{bmatrix} \begin{bmatrix} 0 \\ 0 \\ \mathrm{MR1}r_1 \\ \mathrm{MR1} \end{bmatrix} = -\mathrm{G3MR1}r_1$$

Energía potencial del cuerpo 2:

$$U_2 = -\begin{bmatrix} {}^0\boldsymbol{g}^{\mathrm{T}} & 0 \end{bmatrix} {}^0\boldsymbol{T}_2 \begin{bmatrix} {}^2\boldsymbol{MS}_2 \\ \mathrm{M}_2 \end{bmatrix} = -\begin{bmatrix} {}^0\boldsymbol{g}^{\mathrm{T}} & 0 \end{bmatrix} \begin{bmatrix} 0 & 1 & 0 & 0 \\ 0 & 0 & 1 & r_2 \\ 1 & 0 & 0 & 0 \\ 0 & 0 & 0 & 1 \end{bmatrix} \begin{bmatrix} 0 \\ 0 \\ 0 \\ \mathrm{M2} \end{bmatrix}$$

$$= -\begin{bmatrix} 0 & 0 & \mathrm{G3} & 0 \end{bmatrix} \begin{bmatrix} 0 \\ \mathrm{M2}r_2 \\ 0 \\ \mathrm{M2} \end{bmatrix} = 0$$

Energía potencial del cuerpo 3:

$$U_3 = -\begin{bmatrix} {}^0\boldsymbol{g}^{\mathrm{T}} & 0 \end{bmatrix} {}^0\boldsymbol{T}_3 \begin{bmatrix} {}^3\boldsymbol{MS}_3 \\ \mathrm{M}_3 \end{bmatrix}$$

$$= -\begin{bmatrix} {}^0\boldsymbol{g}^{\mathrm{T}} & 0 \end{bmatrix} \begin{bmatrix} 0 & 0 & -1 & -r_3 \\ 0 & 1 & 0 & r_2 \\ 1 & 0 & 0 & 0 \\ 0 & 0 & 0 & 1 \end{bmatrix} \begin{bmatrix} 0 \\ 0 \\ 0 \\ \mathrm{MR3} \end{bmatrix}$$

$$= -\begin{bmatrix} 0 & 0 & \mathrm{G3} & 0 \end{bmatrix} \begin{bmatrix} -\mathrm{MR3}r_3 \\ \mathrm{MR3}r_2 \\ 0 \\ \mathrm{MR3} \end{bmatrix} = 0$$

Energía potencial del cuerpo 4:

$$U_4 = -\begin{bmatrix} {}^0\boldsymbol{g}^{\mathrm{T}} & 0 \end{bmatrix} {}^0\boldsymbol{T}_4 \begin{bmatrix} {}^4\boldsymbol{MS}_4 \\ \mathrm{M}_4 \end{bmatrix}$$

$$= -\begin{bmatrix} {}^0\boldsymbol{g}^{\mathrm{T}} & 0 \end{bmatrix} \begin{bmatrix} 0 & 0 & -1 & -r3 \\ S4 & C4 & 0 & r2 \\ C4 & -S4 & 0 & r1 \\ 0 & 0 & 0 & 1 \end{bmatrix} \begin{bmatrix} \mathrm{MX4} \\ \mathrm{MY4} \\ 0 \\ 0 \end{bmatrix}$$

$$= -\begin{bmatrix} 0 & 0 & \mathrm{G3} & 0 \end{bmatrix} \begin{bmatrix} 0 \\ \mathrm{MX4}S4+\mathrm{MY4}C4 \\ \mathrm{MX4}C4-\mathrm{MY4}S4 \\ 0 \end{bmatrix}$$

$$= -\mathrm{G3MX4}C4 + \mathrm{G3MY4}S4$$

La energía potencial total será:

$$U = -\mathrm{G3MR1}r_1 - \mathrm{G3MX4}C4 + \mathrm{G3MY4}S4$$

Luego los elementos del vector de gravedad son:

$$Q_1 = \frac{\partial U}{\partial q_1} = \frac{\partial U}{\partial r_1} = -\mathrm{G3MR1}$$

$$Q_2 = \frac{\partial U}{\partial q_2} = \frac{\partial U}{\partial r_2} = 0$$

$$Q_3 = \frac{\partial U}{\partial q_3} = \frac{\partial U}{\partial r_3} = 0$$

$$Q_4 = \frac{\partial U}{\partial q_4} = \frac{\partial U}{\partial \theta_4} = \mathrm{G3MX4}S4 + \mathrm{G3MY4}C4$$

Finalmente la expresión del modelo dinámico inverso puede escribirse como:

$$\begin{bmatrix} \boldsymbol{\Gamma}_1 \\ \boldsymbol{\Gamma}_2 \\ \boldsymbol{\Gamma}_3 \\ \boldsymbol{\Gamma}_4 \end{bmatrix} = \begin{bmatrix} A_{11} & 0 & 0 & A_{14} \\ 0 & A_{22} & 0 & A_{24} \\ 0 & 0 & A_{33} & 0 \\ A_{14} & A_{24} & 0 & A_{44} \end{bmatrix} \begin{bmatrix} \ddot{\boldsymbol{q}}_1 \\ \ddot{\boldsymbol{q}}_2 \\ \ddot{\boldsymbol{q}}_3 \\ \ddot{\boldsymbol{q}}_4 \end{bmatrix} + \begin{bmatrix} Q_1 \\ 0 \\ 0 \\ Q_4 \end{bmatrix}$$

d) Según la tabla de parámetros de base hallada en el Ejercicio 4.1, las matrices del tensor de inercia y del primer momento de inercia pueden organizarse como sigue (suponiendo que los cuerpos son simétricos, por lo que se eliminan los términos no pertenecientes a la diagonal). Es de notar que ya que el robot está asentado sobre el muro, el eje de rotación de la primera articulación en z equivale al eje y general del robot.

$$^{1}\boldsymbol{J}_1 = \begin{bmatrix} 0 & 0 & 0 \\ 0 & 0 & 0 \\ 0 & 0 & \mathrm{ZZR1} \end{bmatrix}; \; ^{2}\boldsymbol{J}_2 = \begin{bmatrix} 0 & 0 & 0 \\ 0 & 0 & 0 \\ 0 & 0 & 0 \end{bmatrix}; \; ^{3}\boldsymbol{J}_3 = \begin{bmatrix} 0 & 0 & 0 \\ 0 & 0 & 0 \\ 0 & 0 & 0 \end{bmatrix}$$

$$^{1}\boldsymbol{MS}_1 = \begin{bmatrix} 0 \\ 0 \\ 0 \end{bmatrix}; \; ^{2}\boldsymbol{MS}_2 = \begin{bmatrix} \mathrm{MXR2} \\ 0 \\ \mathrm{MZR2} \end{bmatrix}; \; ^{3}\boldsymbol{MS}_3 = \begin{bmatrix} 0 \\ 0 \\ 0 \end{bmatrix}; \quad \boldsymbol{I}_a = \begin{bmatrix} 0 & 0 & 0 \\ 0 & \mathrm{IA2} & 0 \\ 0 & 0 & \mathrm{IA3} \end{bmatrix};$$

d1) Cálculo de las velocidades de rotación:

$$^{0}\boldsymbol{\omega}_0 = 0$$

$$^{1}\boldsymbol{\omega}_1 = {}^{1}\boldsymbol{A}_0 \, {}^{0}\boldsymbol{\omega}_0 + \dot{\boldsymbol{q}}_1 \, {}^{1}\boldsymbol{a}_1 = \begin{bmatrix} 0 \\ 0 \\ \dot{\boldsymbol{q}}_1 \end{bmatrix}$$

$$^{2}\boldsymbol{\omega}_2 = {}^{2}\boldsymbol{A}_1 \, {}^{1}\boldsymbol{\omega}_1 = \begin{bmatrix} 1 & 0 & 0 \\ 0 & 0 & 1 \\ 0 & -1 & 0 \end{bmatrix} \begin{bmatrix} 0 \\ 0 \\ \dot{\boldsymbol{q}}_1 \end{bmatrix} = \begin{bmatrix} 0 \\ \dot{\boldsymbol{q}}_1 \\ 0 \end{bmatrix}$$

$$^{3}\boldsymbol{\omega}_3 = {}^{3}\boldsymbol{A}_2\,{}^{2}\boldsymbol{\omega}_2 = \begin{bmatrix} 1 & 0 & 0 \\ 0 & 0 & -1 \\ 0 & 1 & 0 \end{bmatrix}\begin{bmatrix} 0 \\ \dot{\boldsymbol{q}}_1 \\ 0 \end{bmatrix} = \begin{bmatrix} 0 \\ 0 \\ \dot{\boldsymbol{q}}_1 \end{bmatrix}$$

d2) Cálculo de las velocidades de traslación:

$$^{0}\boldsymbol{V}_0 = 0$$

$$^{1}\boldsymbol{V}_1 = {}^{1}\boldsymbol{A}_0\left[{}^{0}\boldsymbol{V}_0 + {}^{0}\boldsymbol{\omega}_0 \times {}^{0}\boldsymbol{P}_1\right] = 0$$

$$^{2}\boldsymbol{V}_2 = {}^{2}\boldsymbol{A}_1\left[{}^{1}\boldsymbol{V}_1 + {}^{1}\boldsymbol{\omega}_1 \times {}^{1}\boldsymbol{P}_2\right] + \dot{\boldsymbol{q}}_2\,{}^{2}\boldsymbol{a}_2$$

$$= \begin{bmatrix} 1 & 0 & 0 \\ 0 & 0 & 1 \\ 0 & -1 & 0 \end{bmatrix}\begin{bmatrix} r_2\dot{\boldsymbol{q}}_1 \\ 0 \\ 0 \end{bmatrix} + \begin{bmatrix} 0 \\ 0 \\ \dot{\boldsymbol{q}}_2 \end{bmatrix} = \begin{bmatrix} r_2\dot{\boldsymbol{q}}_1 \\ 0 \\ \dot{\boldsymbol{q}}_2 \end{bmatrix}$$

$$^{3}\boldsymbol{V}_3 = {}^{3}\boldsymbol{A}_2\left[{}^{2}\boldsymbol{V}_2 + {}^{2}\boldsymbol{\omega}_2 \times {}^{2}\boldsymbol{P}_3\right] + \dot{\boldsymbol{q}}_3\,{}^{3}\boldsymbol{a}_3$$

$$= \begin{bmatrix} 1 & 0 & 0 \\ 0 & 0 & 1 \\ 0 & 1 & 0 \end{bmatrix}\begin{bmatrix} r_2\dot{\boldsymbol{q}}_1 \\ 0 \\ \dot{\boldsymbol{q}}_2 \end{bmatrix} + \begin{bmatrix} 0 \\ 0 \\ \dot{\boldsymbol{q}}_3 \end{bmatrix} = \begin{bmatrix} r_2\dot{\boldsymbol{q}}_1 \\ \dot{\boldsymbol{q}}_2 \\ \dot{\boldsymbol{q}}_3 \end{bmatrix}$$

d3) Cálculo de las energías cinéticas:

Energía cinética del cuerpo 1:

Dado que M1 = 0 y ${}^{1}\boldsymbol{MS}_1 = [0 \quad 0 \quad 0]^{T}$, el término de la energía cinética para la primera articulación queda resumido a:

$$E_1 = \frac{1}{2}\left[{}^{1}\boldsymbol{\omega}_1^{T}\,{}^{1}\boldsymbol{J}_1\,{}^{1}\boldsymbol{\omega}_1\right] = \frac{1}{2}\left[\begin{bmatrix} 0 & 0 & \dot{\boldsymbol{q}}_1 \end{bmatrix}\begin{bmatrix} 0 & 0 & 0 \\ 0 & 0 & 0 \\ 0 & 0 & \mathrm{ZZR1} \end{bmatrix}\begin{bmatrix} 0 \\ 0 \\ \dot{\boldsymbol{q}}_1 \end{bmatrix}\right]$$

$$= \frac{1}{2}\mathrm{ZZR1}\,\dot{\boldsymbol{q}}_1^{\,2}$$

Energía cinética del cuerpo 2:

Dado que ${}^{2}J_{2}$ = 0, el término de la energía cinética para la segunda articulación queda resumido a:

$$E_2 = \frac{1}{2}\left[\mathrm{M}_2\, {}^{2}\boldsymbol{V}_2^{\mathrm{T}}\, {}^{2}\boldsymbol{V}_2 + 2\, {}^{2}\boldsymbol{MS}_2^{\mathrm{T}} \left({}^{2}\boldsymbol{V}_2 \times {}^{2}\boldsymbol{\omega}_2 \right) \right]$$

Donde:

$$\mathrm{M}_2\, {}^{2}\boldsymbol{V}_2^{\mathrm{T}}\, {}^{2}\boldsymbol{V}_2 = \mathrm{M2}\begin{bmatrix} r_2\dot{\boldsymbol{q}}_1 & 0 & \dot{\boldsymbol{q}}_2 \end{bmatrix} \begin{bmatrix} r_2\dot{\boldsymbol{q}}_1 \\ 0 \\ \dot{\boldsymbol{q}}_2 \end{bmatrix} = \mathrm{M2}r_2^{\,2}\dot{\boldsymbol{q}}_1^{\,2} + \mathrm{M2}\dot{\boldsymbol{q}}_2^{\,2}$$

$${}^{2}\boldsymbol{V}_2 \times {}^{2}\boldsymbol{\omega}_2 = \begin{bmatrix} r_2\dot{\boldsymbol{q}}_1 \\ 0 \\ \dot{\boldsymbol{q}}_2 \end{bmatrix} \times \begin{bmatrix} 0 \\ \dot{\boldsymbol{q}}_1 \\ 0 \end{bmatrix} = \begin{bmatrix} -\dot{\boldsymbol{q}}_1\dot{\boldsymbol{q}}_2 \\ 0 \\ r_2\dot{\boldsymbol{q}}_1^{\,2} \end{bmatrix}$$

$$2\, {}^{2}\boldsymbol{MS}_2^{\mathrm{T}} \left({}^{2}\boldsymbol{V}_2 \times {}^{2}\boldsymbol{\omega}_2 \right) = 2\begin{bmatrix} \mathrm{MXR2} & 0 & \mathrm{MZR2} \end{bmatrix} \begin{bmatrix} -\dot{\boldsymbol{q}}_1\dot{\boldsymbol{q}}_2 \\ 0 \\ r_2\dot{\boldsymbol{q}}_1^{\,2} \end{bmatrix}$$

$$= -2\mathrm{MXR2}\dot{\boldsymbol{q}}_1\dot{\boldsymbol{q}}_2 + 2\mathrm{MZR2}r_2\dot{\boldsymbol{q}}_1^{\,2}$$

Luego:

$$E_2 = \frac{1}{2}\left[\mathrm{M2}r_2^{\,2}\dot{\boldsymbol{q}}_1^{\,2} + \mathrm{M2}\dot{\boldsymbol{q}}_2^{\,2} - 2\mathrm{MXR2}\dot{\boldsymbol{q}}_1\dot{\boldsymbol{q}}_2 + 2\mathrm{MZR2}r_2\dot{\boldsymbol{q}}_1^{\,2} \right]$$

Energía cinética del cuerpo 3:

Dado que ${}^{3}J_{3}$ = 0 y ${}^{3}\boldsymbol{MS}_3 = \begin{bmatrix} 0 & 0 & 0 \end{bmatrix}^{\mathrm{T}}$, el término de la energía cinética para la tercera articulación queda resumido a:

$$E_3=\frac{1}{2}\left[\mathrm{M}_3\,{}^3\boldsymbol{V}_3^{\mathrm{T}}\,{}^3\boldsymbol{V}_3\right]=\frac{1}{2}\left[\mathrm{M3}\begin{bmatrix}r_2\dot{\boldsymbol{q}}_1 & \dot{\boldsymbol{q}}_2 & \dot{\boldsymbol{q}}_3\end{bmatrix}\begin{bmatrix}r_2\dot{\boldsymbol{q}}_1\\ \dot{\boldsymbol{q}}_2\\ \dot{\boldsymbol{q}}_3\end{bmatrix}\right]$$

$$=\frac{1}{2}\mathrm{M3}\,r_2^{\,2}\dot{\boldsymbol{q}}_1^{\,2}+\frac{1}{2}\mathrm{M3}\dot{\boldsymbol{q}}_2^{\,2}+\frac{1}{2}\mathrm{M3}\dot{\boldsymbol{q}}_3^{\,2}$$

Una vez obtenidas las expresiones de las tres energías cinéticas se procede a armar la matriz de inercia:

$$A_{11}=\mathrm{ZZR1}+\mathrm{M2}r_2^{\,2}+2\mathrm{MZR2}r_2+\mathrm{M3}r_2^{\,2}$$
$$A_{22}=\mathrm{M2}+\mathrm{M3}+\mathrm{IA2}$$
$$A_{33}=\mathrm{M3}+\mathrm{IA3}$$
$$A_{12}=A_{21}=\text{-}2\mathrm{MXR2}$$
$$A_{13}=A_{31}=0$$
$$A_{23}=A_{32}=0$$

d4) Cálculo del vector de gravedad:

En este caso ya que el robot se halla sobre un muro, la gravedad estará sobre el eje *z*, el cual corresponde al eje *y* del robot. Esto significa que ${}^0\boldsymbol{g}^{\mathrm{T}}=\begin{bmatrix}0 & \mathrm{G3} & 0\end{bmatrix}$.

Energía potencial del cuerpo 1:

$$U_1=\text{-}\begin{bmatrix}{}^0\boldsymbol{g}^{\mathrm{T}} & 0\end{bmatrix}{}^0\boldsymbol{T}_1\begin{bmatrix}{}^1\boldsymbol{MS}_1\\ \mathrm{M}_1\end{bmatrix}=\text{-}\begin{bmatrix}{}^0\boldsymbol{g}^{\mathrm{T}} & 0\end{bmatrix}{}^0\boldsymbol{T}_1\begin{bmatrix}0\\0\\0\\0\end{bmatrix}=0$$

Energía potencial del cuerpo 2:

$$U_2 = -\begin{bmatrix} {}^0\boldsymbol{g}^{\mathrm{T}} & 0 \end{bmatrix} {}^0\boldsymbol{T}_2 \begin{bmatrix} {}^2\boldsymbol{MS}_2 \\ \mathrm{M}_2 \end{bmatrix}$$

$$= -\begin{bmatrix} {}^0\boldsymbol{g}^{\mathrm{T}} & 0 \end{bmatrix} \begin{bmatrix} C1 & 0 & S1 & r_2S1 \\ S1 & 0 & -C1 & -r_2C1 \\ 0 & 1 & 0 & 0 \\ 0 & 0 & 0 & 1 \end{bmatrix} \begin{bmatrix} \mathrm{MXR2} \\ 0 \\ \mathrm{MZR2} \\ \mathrm{M2} \end{bmatrix}$$

$$= -\begin{bmatrix} 0 & \mathrm{G3} & 0 & 0 \end{bmatrix} \begin{bmatrix} \mathrm{MXR2}C1+\mathrm{MZR2}S1+\mathrm{M2}r_2S1 \\ \mathrm{MXR2}S1-\mathrm{MZR2}C1-\mathrm{M2}r_2C1 \\ 0 \\ \mathrm{M2} \end{bmatrix}$$

$$= -\mathrm{G3MXR2}S1 + \mathrm{G3MZR2}C1 + \mathrm{G3M2}r_2C1$$

Energía potencial del cuerpo 3:

$$U_3 = -\begin{bmatrix} {}^0\boldsymbol{g}^{\mathrm{T}} & 0 \end{bmatrix} {}^0\boldsymbol{T}_3 \begin{bmatrix} {}^3\boldsymbol{MS}_3 \\ \mathrm{M}_3 \end{bmatrix}$$

$$= -\begin{bmatrix} {}^0\boldsymbol{g}^{\mathrm{T}} & 0 \end{bmatrix} \begin{bmatrix} C1 & -S1 & 0 & r_2S1 \\ S1 & C1 & 0 & -r_2C1 \\ 0 & 0 & 1 & r_3 \\ 0 & 0 & 0 & 1 \end{bmatrix} \begin{bmatrix} 0 \\ 0 \\ 0 \\ \mathrm{M3} \end{bmatrix}$$

$$= -\begin{bmatrix} 0 & \mathrm{G3} & 0 & 0 \end{bmatrix} \begin{bmatrix} \mathrm{M3}r_2S1 \\ -\mathrm{M3}r_2C1 \\ \mathrm{M3}r_3 \\ \mathrm{M3} \end{bmatrix} = \mathrm{G3M3}r_2C1$$

La energía potencial total será:

$$U = -\mathrm{G3MXR2}S1 + \mathrm{G3MZR2}C1 + \mathrm{G3M2}r_2C1 + \mathrm{G3M3}r_2C1$$

Luego los elementos del vector de gravedad son:

$$Q_1 = \frac{\partial U}{\partial q_1} = \frac{\partial U}{\partial \theta_1}$$

$$= -G3MXR2C1 - G3MZR2S1 - G3M2r_2S1 - G3M3r_2S1$$

$$Q_2 = \frac{\partial U}{\partial q_2} = \frac{\partial U}{\partial r_2} = G3M2C1 + G3M3C1$$

$$Q_3 = \frac{\partial U}{\partial q_3} = \frac{\partial U}{\partial r_3} = 0$$

Finalmente la expresión del modelo dinámico inverso puede escribirse como:

$$\begin{bmatrix} \boldsymbol{\Gamma}_1 \\ \boldsymbol{\Gamma}_2 \\ \boldsymbol{\Gamma}_3 \end{bmatrix} = \begin{bmatrix} A_{11} & A_{12} & 0 \\ A_{12} & A_{22} & 0 \\ 0 & 0 & A_{33} \end{bmatrix} \begin{bmatrix} \ddot{\boldsymbol{q}}_1 \\ \ddot{\boldsymbol{q}}_2 \\ \ddot{\boldsymbol{q}}_3 \end{bmatrix} + \begin{bmatrix} Q_1 \\ Q_2 \\ 0 \end{bmatrix}$$

Ejercicio 5.1:

a) Dado el modelo dinámico inverso hallado en el Ejercicio 4.2:

$$\begin{bmatrix} \boldsymbol{\Gamma}_1 \\ \boldsymbol{\Gamma}_2 \\ \boldsymbol{\Gamma}_3 \end{bmatrix} = \begin{bmatrix} A_{11} & A_{12} & A_{13} \\ A_{12} & A_{22} & A_{23} \\ A_{13} & A_{23} & A_{33} \end{bmatrix} \begin{bmatrix} \ddot{\boldsymbol{q}}_1 \\ \ddot{\boldsymbol{q}}_2 \\ \ddot{\boldsymbol{q}}_3 \end{bmatrix} + \begin{bmatrix} 0 \\ Q_2 \\ 0 \end{bmatrix}$$

Expresado de otra manera:

$$\boldsymbol{\Gamma}_1 = A_{11}\ddot{\boldsymbol{q}}_1 + A_{12}\ddot{\boldsymbol{q}}_2 + A_{13}\ddot{\boldsymbol{q}}_3$$
$$\boldsymbol{\Gamma}_2 = A_{12}\ddot{\boldsymbol{q}}_1 + A_{22}\ddot{\boldsymbol{q}}_2 + A_{23}\ddot{\boldsymbol{q}}_3 + Q_2$$
$$\boldsymbol{\Gamma}_3 = A_{13}\ddot{\boldsymbol{q}}_1 + A_{23}\ddot{\boldsymbol{q}}_2 + A_{33}\ddot{\boldsymbol{q}}_3$$

Según el Ejercicio 4.1, los parámetros a identificar para este robot son diez:

$$\boldsymbol{\lambda} = [\text{ZZR1} \quad \text{XXR2} \quad \text{ZZR2} \quad \text{MX2} \quad \text{MY2} \ldots$$
$$\ldots \text{MX3} \quad \text{MY3} \quad \text{MZ3} \quad \text{M3} \quad \text{IA3}]$$

Luego de acuerdo a los resultados del Ejercicio 4.2, el modelo dinámico inverso para identificación se escribe como:

$$\begin{bmatrix} \boldsymbol{Y}_1 \\ \boldsymbol{Y}_2 \\ \boldsymbol{Y}_3 \end{bmatrix} = \begin{bmatrix} \ddot{\boldsymbol{q}}_1 & 0 & S2^2\ddot{\boldsymbol{q}}_1 & A\ddot{\boldsymbol{q}}_2 & B\ddot{\boldsymbol{q}}_2 & 2r_3S2^2\ddot{\boldsymbol{q}}_1 - B\ddot{\boldsymbol{q}}_2 & \ldots \\ 0 & \ddot{\boldsymbol{q}}_2 & 0 & A\ddot{\boldsymbol{q}}_1 + C & B\ddot{\boldsymbol{q}}_1 - D & -B\ddot{\boldsymbol{q}}_1 + 2r_3\ddot{\boldsymbol{q}}_2 + C & \ldots \\ 0 & 0 & 0 & 0 & 0 & 0 & \ldots \end{bmatrix}$$

$$\begin{matrix} 2r_3S2\ddot{\boldsymbol{q}}_1 + A\ddot{\boldsymbol{q}}_2 & 2R2S2^2\ddot{\boldsymbol{q}}_1 - S2\ddot{\boldsymbol{q}}_2 & \left(R2^2 + r_3^{\,2}S2^2\right)\ddot{\boldsymbol{q}}_1 - E\ddot{\boldsymbol{q}}_2 - A\ddot{\boldsymbol{q}}_3 & 0 \\ A\ddot{\boldsymbol{q}}_1 - \ddot{\boldsymbol{q}}_3 & -S2\ddot{\boldsymbol{q}}_1 + D & -E\ddot{\boldsymbol{q}}_1 & 0 \\ -\ddot{\boldsymbol{q}}_2 & 0 & -A\ddot{\boldsymbol{q}}_1 + \ddot{\boldsymbol{q}}_3 & \ddot{\boldsymbol{q}}_3 \end{matrix} \Bigg]$$

$$[\text{ZZR1} \quad \text{ZZR2} \quad \text{XXR2} \quad \text{MX2} \quad \text{MY2} \quad \text{MX3} \quad \text{MY3} \quad \text{MZ3} \quad \text{M3} \quad \text{IA3}]^{T}$$

Con:

$$A = R2S2$$
$$B = R2C2$$
$$C = \text{G3}C2$$
$$D = \text{G3}S2$$
$$E = R2r_3C2$$

b) Dado el modelo dinámico inverso:

$$\begin{bmatrix} \boldsymbol{\Gamma}_1 \\ \boldsymbol{\Gamma}_2 \\ \boldsymbol{\Gamma}_3 \\ \boldsymbol{\Gamma}_4 \end{bmatrix} = \begin{bmatrix} A_{11} & 0 & 0 & A_{14} \\ 0 & A_{22} & 0 & A_{24} \\ 0 & 0 & A_{33} & 0 \\ A_{14} & A_{24} & 0 & A_{44} \end{bmatrix} \begin{bmatrix} \ddot{\boldsymbol{q}}_1 \\ \ddot{\boldsymbol{q}}_2 \\ \ddot{\boldsymbol{q}}_3 \\ \ddot{\boldsymbol{q}}_4 \end{bmatrix} + \begin{bmatrix} Q_1 \\ 0 \\ 0 \\ Q_4 \end{bmatrix}$$

Expresado de otra manera:

$$\boldsymbol{\Gamma}_1 = A_{11}\ddot{\boldsymbol{q}}_1 + A_{14}\ddot{\boldsymbol{q}}_4 + Q_1$$
$$\boldsymbol{\Gamma}_2 = A_{22}\ddot{\boldsymbol{q}}_2 + A_{24}\ddot{\boldsymbol{q}}_4$$
$$\boldsymbol{\Gamma}_3 = A_{33}\ddot{\boldsymbol{q}}_3$$
$$\boldsymbol{\Gamma}_4 = A_{41}\ddot{\boldsymbol{q}}_1 + A_{42}\ddot{\boldsymbol{q}}_2 + A_{44}\ddot{\boldsymbol{q}}_4 + Q_4$$

Según el Ejercicio 4.1, los parámetros a identificar para este robot son ocho:

$$\boldsymbol{\lambda} = [\mathrm{MR1} \quad \mathrm{M2} \quad \mathrm{MR3} \quad \mathrm{ZZR4} \quad \mathrm{MX4} \quad \mathrm{MY4} \quad \mathrm{IA2} \quad \mathrm{IA3}]$$

Luego de acuerdo a los resultados del Ejercicio 4.2, el modelo dinámico inverso para identificación se escribe como:

$$\begin{bmatrix} \boldsymbol{Y}_1 \\ \boldsymbol{Y}_2 \\ \boldsymbol{Y}_3 \\ \boldsymbol{Y}_4 \end{bmatrix} = \begin{bmatrix} \ddot{\boldsymbol{q}}_1\text{-G3} & \ddot{\boldsymbol{q}}_1 & \ddot{\boldsymbol{q}}_1 & 0 & -S4\ddot{\boldsymbol{q}}_4 & \ldots \\ 0 & \ddot{\boldsymbol{q}}_2 & \ddot{\boldsymbol{q}}_2 & 0 & C4\ddot{\boldsymbol{q}}_4 & \ldots \\ 0 & 0 & \ddot{\boldsymbol{q}}_3 & 0 & 0 & \ldots \\ 0 & 0 & 0 & \ddot{\boldsymbol{q}}_4 & -S4\ddot{\boldsymbol{q}}_1 + C4\ddot{\boldsymbol{q}}_2 + \mathrm{G3}S4 & \ldots \end{bmatrix}$$

$$\begin{matrix} \ldots & -C4\ddot{\boldsymbol{q}}_4 & 0 & 0 \\ \ldots & -S4\ddot{\boldsymbol{q}}_4 & \ddot{\boldsymbol{q}}_2 & 0 \\ \ldots & 0 & 0 & \ddot{\boldsymbol{q}}_3 \\ \ldots & -C4\ddot{\boldsymbol{q}}_1 - S4\ddot{\boldsymbol{q}}_2 + \boldsymbol{G}3C4 & 0 & 0 \end{matrix}\Bigg] \begin{bmatrix} \mathrm{MR1} \\ \mathrm{M2} \\ \mathrm{MR3} \\ \mathrm{ZZR4} \\ \mathrm{MX4} \\ \mathrm{MY4} \\ \mathrm{IA2} \\ \mathrm{IA3} \end{bmatrix}$$

d) Dado el modelo dinámico inverso:

$$\begin{bmatrix} \boldsymbol{\Gamma}_1 \\ \boldsymbol{\Gamma}_2 \\ \boldsymbol{\Gamma}_3 \end{bmatrix} = \begin{bmatrix} A_{11} & A_{12} & 0 \\ A_{12} & A_{22} & 0 \\ 0 & 0 & A_{33} \end{bmatrix} \begin{bmatrix} \ddot{\boldsymbol{q}}_1 \\ \ddot{\boldsymbol{q}}_2 \\ \ddot{\boldsymbol{q}}_3 \end{bmatrix} + \begin{bmatrix} Q_1 \\ Q_2 \\ 0 \end{bmatrix}$$

Expresado de otra manera:

$$\boldsymbol{\Gamma}_1 = A_{11}\ddot{\boldsymbol{q}}_1 + A_{12}\ddot{\boldsymbol{q}}_2 + Q_1$$
$$\boldsymbol{\Gamma}_2 = A_{12}\ddot{\boldsymbol{q}}_1 + A_{22}\ddot{\boldsymbol{q}}_2 + Q_2$$
$$\boldsymbol{\Gamma}_3 = A_{33}\ddot{\boldsymbol{q}}_3$$

Según el Ejercicio 4.1, los parámetros a identificar para este robot son siete:

$$\boldsymbol{\lambda} = [\mathrm{ZZR1} \quad \mathrm{MXR2} \quad \mathrm{MZR2} \quad \mathrm{M2} \quad \mathrm{M3} \quad \mathrm{IA2} \quad \mathrm{IA3}]$$

Luego de acuerdo a los resultados del Ejercicio 4.2, el modelo dinámico inverso para identificación se escribe como:

$$\begin{bmatrix} \boldsymbol{Y}_1 \\ \boldsymbol{Y}_2 \\ \boldsymbol{Y}_3 \end{bmatrix} = \begin{bmatrix} \ddot{\boldsymbol{q}}_1 & \text{-}2\ddot{\boldsymbol{q}}_2\text{-G3}C1 & 2r_2\ddot{\boldsymbol{q}}_1\text{-G3}S1 & r_2^{\,2}\ddot{\boldsymbol{q}}_1\text{-G3}r_2S1 \ldots \\ 0 & \text{-}2\ddot{\boldsymbol{q}}_1 & 0 & \ddot{\boldsymbol{q}}_2\text{+G3}C1 \ \ldots \\ 0 & 0 & 0 & 0 \quad \ldots \end{bmatrix}$$

$$\begin{matrix} \ldots r_2^{\,2}\ddot{\boldsymbol{q}}_1\text{-G3}r_2S1 & 0 & 0 \\ \ldots \quad \ddot{\boldsymbol{q}}_2\text{+G3}C1 & \ddot{\boldsymbol{q}}_2 & 0 \\ \ldots \quad \ddot{\boldsymbol{q}}_3 & 0 & \ddot{\boldsymbol{q}}_3 \end{matrix} \Bigg] \begin{bmatrix} \mathrm{ZZR1} \\ \mathrm{MXR2} \\ \mathrm{MZR2} \\ \mathrm{M2} \\ \mathrm{M3} \\ \mathrm{IA2} \\ \mathrm{IA3} \end{bmatrix}$$

Referencias

Buchberger, B. (1987). Applications of Gröbner bases in non-linear computational geometry. In: *Lecture Notes in Computer Science*, Vol. 296, pp. 52–80.

Craig, J.J. (1986). *Introduction to Robotics: Mechanics and Control.* Addison-Wesley Publishing Company, Reading, MA, USA.

Denavit, J. and Hartenberg, R.S. (1955). A kinematic notation for lower-pair mechanisms based on matrices. *Journal of Applied Mechanics*, Vol. 22, pp. 215–221.

Davidson, J. and Hunt, K. (2004). *Robots and Screw Theory: Applications of Kinematics and Statics to Robotics.* Oxford University Press, Oxford, UK.

Haddad, W. and Challaboina, V. (2008). *Nonlinear Dynamical Systems and Control: A Lyapunov-Based Approach.* Princeton University Press, Princeton, USA.

Jazar, R. (2010). *Theory of Applied Robotics: Kinematics, Dynamics, and Control.* Springer, New York, USA.

Kelly, R., Santibáñez, V., and Loría, A. (2005). *Control of Robot Manipulators in Joint Space.* Springer-Verlag, London, UK.

Khalil, W. and Creusot, D. (1997). SYMORO+: a system for the symbolic modelling of robots. *Robotica*, Vol. 15, pp. 153-161.

Khalil, W. and Dombre, E. (2002). *Modeling, Identification and Control of Robots.* Hermes Penton Science, London, UK.

Khalil, W. and Kleinfinger, J.F. (1986). A new geometric notation for open and closed-loop robots. *IEEE International Conference on Robotics and Automation*, San Francisco, USA, pp. 1174-1180.

Lewis, F., Dawson, D. and Abdallah, C. (2004). *Robot Manipulator Control.* Marcel Dekker, Inc., New York, USA.

Manocha, D., and Canny, J. (1992). Real time inverse kinematics for general 6R manipulators. *International Conference on Robotics and Automation*, Nice, France, pp. 383-389.

Merlet, J.P. (2006). *Parallel Robots, Solid Mechanics and Its Applications.* Springer, Dordrecht, Netherlands.

Ollero, A. (2001). *Robotica: Manipuladores y Robots Móviles.* Marcombo, Madrid, España.

Paul, R.C. (1981). *Robot Manipulators: Mathematics, Programming and Control.* The MIT Press, Cambridge, MA, USA.

Raghavan, M. and Roth, B. (1990). Kinematic analysis of the 6R manipulator of general geometry. *5th International Symposium in Robotics Research*, Tokio, Japan, pp. 262-269.

Sciavicco, L. and Siciliano, B. (1996). *Modeling and Control of Robot Manipulators.* McGraw Hill, London, UK.

Siciliano, B. and Khatib, O. (Eds), (2008). *Handbook of Robotics.* Springer-Verlag, Berlin, Germany.

Spivak, M. (1990). *A Comprehensive Introduction to Differential Geometry.* Publish or Perish Inc., Houston, TX, USA.

Spong, M, Hutchinson, S. and Vidyasagar, M. (2006). *Robot Modeling and Control.* John Wiley and Sons, Inc., Hoboken, NJ, USA.

Zhang, D. (2009). *Parallel Robotic Machine Tools.* Springer, New York, USA.

ÍNDICE

www.ingramcontent.com/pod-product-compliance
Lightning Source LLC
Chambersburg PA
CBHW060551200326
41521CB00007B/549
* 9 7 8 9 8 7 1 5 8 1 7 6 4 *